Jean-Michel Florin | Ueli Hurter | Constanza Kaliks

«Das aufkeimende Leben der Zukunft ...»
Jugendimpulse und Landwirtschaft

Jean-Michel Florin | Ueli Hurter | Constanza Kaliks

«Das aufkeimende Leben der Zukunft …»

Jugendimpulse und Landwirtschaft

Verlag am Goetheanum

Der Verlag am Goetheanum im Internet: www.vamg.ch

Einbandgestaltung von Wolfram Schildt, Berlin, unter Verwendung eines Bildes von Sylvia Zillig

Satz: Höpcke, Hamburg
Druck und Bindung: Druckhaus Nomos, Sinzheim

ISBN 978-3-7235-1529-7

Inhaltsverzeichnis

Vorwort

Das vorliegende Buch enthält drei Texte, die alle im Arbeitsjahr 2014 der Sektion für Landwirtschaft am Goetheanum entstanden sind. Der erste Beitrag von Ueli Hurter entspricht dem Eröffnungsvortrag an der landwirtschaftlichen Tagung im Schreinereisaal des Goetheanum vom 5. bis 8. Februar 2014. Darin wird die Entstehung der die Praxis inspirierenden Quellentexte «Bienenvorträge» und «Landwirtschaftlicher Kurs» in den Blick genommen. Insbesondere wird versucht, Rudolf Steiners Schaffen nahezukommen, um ihn als Praktiker der geistigen Produktion, als Geistesarbeiter zu sehen.

Der zweite Text von Jean-Michel Florin ist ein Essay zu der Arbeit an den «Michaelbriefen». Seit vielen Jahren wird ein Michaelbrief für ein Arbeitsjahr und dann bei der Tagung in den Mittelpunkt der anthroposophischen Arbeit der Sektion für Landwirtschaft gestellt. Damit bildet diese Arbeit das geistige Rückgrat der Sektion, insofern sie sich als ein Zusammenarbeitsprozess von Menschen versteht. Der Essay basiert auf den mündlich vorgetragenen Besprechungen des Michaelbriefes an der Tagung, der dieses Jahr bearbeitet wurde. Er betrachtet aber auch das Prinzipielle des Umganges mit diesen Texten von Rudolf Steiner. Wie kann ein so gründliches und langjähriges Studium von allgemein-anthroposophischen Texten inspirierend wirken auf eine weltweite Bewegung von Bauern und Gärtnern, von Forschern und Händlern?

Der Beitrag von Constanza Kaliks ist die schriftlich bearbeitete Form eines Vortrages, den sie am 10. Juni im Rahmen eines festlichen Anlasses am Goetheanum zu «90 Jahre Landwirtschaftlicher Kurs» gehalten hat. Die hier thematisierten «Jugendansprachen» – ebenfalls in Koberwitz gehalten – sind von Rudolf Steiner so direkt in die ganz konkrete Situation mit den jugendlichen Zuhörern hinein gesprochen worden, wie es überhaupt bei seinen Vorträgen der Fall war. Man entdeckt mit der Autorin beim Eingehen auf diese Ansprachen, wie diesem Situativen des Entstehungsmoments in der Orientierung der Worte Rudolf Steiners etwas tief Archetypisches entspricht, etwas, das mit den Untergründen unserer Zeit zu tun hat. Wir Zuhörer mussten schmunzeln, als Constanza Kaliks ausführte, dass die Jugendansprachen Steiners nicht eine Begleiterscheinung des «Landwirtschaftlichen Kurses» wären, sondern umgekehrt. Aber so ungewohnt dieser Gesichtspunkt ist, man kann sich ihm nicht ganz entziehen.

Ganz im Sinne dieses performativen Sprechens von Rudolf Steiner, zu dessen Verständnis der heutige Leser bewusst den konkreten Zusammenhang aufsuchen muss, ist der teils spontane und auf den Tagungsablauf bezogene Duktus der Beiträge dieses Büchleins bei der Bearbeitung beibehalten worden.

Der Titel des Buches «Das aufkeimende Leben der Zukunft ...» ist ein Zitat aus den «Jugendansprachen». Damit wollen wir kenntlich machen, dass neben der Betrachtung von Ereignissen, die sich vor 90 Jahren abgespielt haben, auch ein Blick möglich ist, der versucht, die Impulsqualität dieser Ereignisse zu erfassen. Dieser Blick, den wir versucht haben zu schärfen in dem Arbeitsjahr 2014, schaut auch heute noch in die Zukunft.

Ueli Hurter

Von den Bienenvorträgen 1923 zum Landwirtschaftlichen Kurs 1924 – Wie hat Rudolf Steiner gearbeitet?

Vortrag bei der landwirtschaftlichen Tagung,
5. Februar 2014

Einleitung

Der erste Vortrag dieser Bienentagung ist noch kein richtiger Bienenvortrag – oder vielleicht doch. Vielleicht doch, weil ich gemäß dem ersten Teil des Titels meines Beitrages «Von den Bienenvorträgen 1923 zum Landwirtschaftlichen Kurs 1924» versuchen werde, die Beziehungen zwischen diesen beiden Ereignissen herauszuarbeiten; und damit bin ich nahe dem Titel unserer Tagung – Bienen, Schöpferinnen von Beziehungen. Der zweite Teil des Titels «Wie hat Rudolf Steiner gearbeitet?» benennt das Bestreben, den Schaffensvorgang, dem die zwei Kurse entspringen, auch von Rudolf Steiner her in den Blick zu nehmen. Wie hat er gearbeitet, dass hier in Dornach für die Arbeiter des Goetheanumbaues im November und Dezember 1923 die Bienenvorträge – man kann richtig sagen – «entstanden sind», aus den Fragen der Arbeiter, auf die Steiner ja aus dem Stegreif geantwortet hat? Und wenige Monate später im Juni 1924 ist der «Landwirtschaftliche Kurs» entstanden, wieder als Antwort auf Fragen, diesmal von Bauern, die allerdings während Monaten und Jahren schon erörtert worden sind. Kann man sich der Art, wie Rudolf Steiner gearbeitet hat, nähern, kann man Beziehungen finden zwischen den beiden Ereignissen, kann man den Arbeitsstrom, aus dem beide Ereignisse bei Steiner hervorgegangen sind, irgendwie erfühlen, erforschen, beschreiben, ist es möglich, sozusagen Rudolf Steiner über die Schulter zu schauen bei diesem Arbeiten, um zu verstehen, um zu lernen, um sich neu zu impulsieren?

Jetzt werde ich die nächste Stunde viel über Rudolf Steiner sprechen, dabei ist es gar nicht meine Absicht, hier irgendetwas, was in Richtung eines Personenkultes gehen würde, zu betreiben. Aber es ist schlicht und einfach er, der die Bienenvorträge und den Landwirtschaftlichen Kurs gegeben hat, und die historische Besinnung auf diese zwei Anlässe hat auch die Note einer Danksagung ihm gegenüber. Und der zweite Teil, wo wir versuchen werden, in den Arbeitsduktus von Steiner hineinzulauschen, wird uns den Menschen Rudolf Steiner vielleicht überraschend nahebringen – «wie ein Kamerad» haben die Arbeiter ihn erlebt. Steigen wir ein.

I. Zur Entstehung der Bienenvorträge 1923

In einem ersten Schritt möchte ich versuchen, die historischen Ereignisse zu schildern: Hier in diesem Raum, «der Schreinerei», haben die Arbeitervorträge, zu denen die Vorträge über die Bienen gehören, stattgefunden. Dies wurde mir erst richtig bewusst anlässlich eines Vorbereitungstreffens zu dieser Tagung, bei der, als wir vom Sektionsteam mit den Imkern zusammengesessen sind, Thomas Radetzki ausgerufen hat: «Was, in der Schreinerei! Das ist ja sagenhaft. In der Schreinerei hat Rudolf Steiner die Bienenvorträge gehalten, und jetzt wird die Bienentagung in der Schreinerei sein!»

Wir sind also am Ort des Geschehens, aber was war denn das für eine Gruppe, diese Arbeiter am Goetheanum? Die Grundsteinlegung des ersten Goetheanum hier auf dem Dornacher Hügel war ja am 20. September 1913, jetzt vor gut 100 Jahren. Dann wurde das Bauwerk in rasantem Tempo hochgezogen. Dazu brauchte es viele Firmen, Handwerker, Fachleute für die verschiedenen Arbeiten. Und so gab es diese Arbeiterschaft, die hauptsächlich aus beruflichen Gründen an den Bau kam, neben der mitarbeitenden internationalen Anthroposophen-Kolonie, die mehrheitlich unentgeltlich an der künstlerischen Ausgestaltung des Goetheanum gewirkt hat. Diese gingen immer zu den Vorträgen Steiners, die Arbeiter in der Regel nicht. Aber natürlich gab es unter ihnen auch solche, die interessiert waren – und so wurden auch Bildungsstunden für sie eingerichtet. Diese wurden zunächst abends abgehalten von Mitarbeitern von Rudolf Steiner. Dann aber kam die Anfrage von den Arbeitern, ob nicht Rudolf Steiner selber diese Weiterbildung abhalten könnte, und zwar am liebsten vormittags während der Arbeitszeit, denn am Abend würden sie einschlafen … Und so wurde es dann eingerichtet. Am Vormittag nach der «Znünipause» erschien Rudolf Steiner bei den Arbeitern in der Schreinerei, und die Vorträge beginnen immer so: «Guten Tag, meine Herren, ist Ihnen noch etwas eingefallen?» Dann wurde eine Frage gestellt und Rudolf Steiner gab eine Darstellung aus dem Stegreif. Niemand außer den Arbeitern war zugelassen und manchmal die eine oder andere Person aus dem Baubüro. Die Stenographin hockte hinter dem Vorhang, nicht sichtbar. Dieses verdeckte Mitstenographieren wurde im Laufe des Jahres 1922 begonnen, der erste stenographierte Arbeitervortrag stammt vom 2. August 1922.

Es gibt ein schönes Zitat von Viktor Stracke, der damals zu diesen Arbeitern gehörte, das die Atmosphäre, die bei diesen Arbeitervorträgen geherrscht hat, wiedergibt:

«Und so dankbar wir Herrn Doktor waren für die Liebe, die er uns zeigte, für die Weisheit, die er vor unseren Blicken öffnete, so froh war Dr. Steiner selbst, dass wir Fragen hatten, und dass er zu uns sprechen durfte. Und oft habe ich es erlebt, dass er ein Thema, das vormittags bei uns angeschlagen worden war, dann abends in den Mitgliedervorträgen auch behandelte, weil die Frage «in der Luft lag». Aber WIE er zu uns sprach, das hatte noch einen ganz besonderen Duktus: Klar, deutlich, einfach, mit fast derb-drastischen Beispielen, aber doch immer die tiefsten Inhalte voll aussprechend, nicht «populär»-belehrend. Beschreiben kann man's eigentlich nicht. Bescheiden wie ein Kamerad sprach er, so könnte man es vielleicht nennen. Und doch hatten wir so ungeheuren Respekt, die meisten von uns hatten Herzklopfen; oft wurde tagelang besprochen, wer eine Frage stellen solle und welche.»

Nun hatte am 10. November 1923 ein Mitarbeiter namens Herr Müller, ein Imker, einen Vortrag über moderne Bienenzucht gehalten. Steiner hatte das mit angehört und sagte am Ende: *«Wir werden dann das nächste Mal ein bisschen tiefer hineinschauen in die Bienenzucht und sehen, dass das, was kurze Zeit eine außerordentlich günstige Maßregel ist, was heute zu Grunde liegt, gut erscheinen kann, dass aber in hundert Jahren die ganze Bienenzucht aufhören würde, wenn man nur künstlich gezüchtete Bienen verwenden würde … Und wir wollen sehen, wie gerade die Bienenzucht außerordentlich interessant ist, um die ganzen Geheimnisse der Natur kennen zu lernen …»*[1] Und dann ganz am Anfang des ersten Vortrages am 26. November: *«Für die Bienenzucht muss eigentlich jeder Mensch das allergrößte Interesse haben, weil von der Bienenzucht wirklich mehr, als man denkt, im menschlichen Leben abhängt.»*[2] Wir finden in diesen Zitaten schon unmittelbar im ersten Augenblick, wo das Thema auftaucht, die Elemente, die uns noch heute orientieren und inspirieren:

1) Die Bienen sind in Gefahr. Wenn wir nicht aufpassen, dann werden wir in 100 Jahren ein Bienensterben haben – das ist heute eingetreten.

2) Die Bienen sind Botschafterinnen oder sogar Schöpferinnen von Beziehungen in der Natur, und darum können sie uns viel über die Geheimnisse der Natur erzählen. Gerade so erleben wir heute die Bienen als Botschafterinnen von tiefen Naturgeheimnissen – und die ganze Tagung wird auch ein Reigen sein aus Erzählungen solcher geheimnisvollen Geschichten, die diejenigen unter uns erzählen können, die sich schon lange mit den Bienen befreundet haben.

3) Der Hinweis auf die tiefe Beziehung von Mensch und Biene. Später in den Vorträgen wird klar, dass diese Beziehung eine Verwandtschaft ist, eine geistige Verwandtschaft. Steiner prägt dann den Ausdruck der Bienen als «Geschwisterwesen» des Menschen. Auch diese Dimension wollen wir bei dieser Tagung ansprechen.

Das waren allerdings nur die allerersten Bemerkungen Steiners zu dem Thema Bienen. Es folgen acht vollständige Vorträge – der erste wurde, wie gesagt, am 26. November

1 Rudolf Steiner, Mensch und Welt. Das Wirken des Geistes in der Natur. Über das Wesen der Bienen, GA 351, S. 131.

2 Ebd., S. 133.

1923, der letzte am 22. Dezember 1923 gehalten. Weiterhin hat Steiner auch an anderen Orten und bei anderen Gelegenheiten noch zu dem Thema Bienen gesprochen – also eine immense Fülle von Darstellungen und Gesichtspunkten, die uns die ganze Tagung hindurch beschäftigen werden. Ich bin selber kein Imker und werde mich ganz zurückhalten, die Inhalte jetzt irgendwie bearbeiten zu wollen, und freue mich außerordentlich auf die Beiträge der Kollegen, die aus ihrer imkerlichen Erfahrung da aus dem Vollen schöpfen können. Meinerseits möchte ich jetzt aus der Fülle der Steiner'schen Darstellung vier Bilder nehmen, um den Inhalt der Bienenvorträge dadurch aufleuchten zu lassen.

Erstes Bild: Das Bienenvolk als kleiner Sonnenorganismus

Nachdem Steiner im ersten Vortrag wesentliche Erscheinungen des Bienenlebens geschildert hat – die sechseckige Bauart der Zellen, die Differenzierung in Königin, Arbeiterinnen und Drohnen, das Schwärmen und die Befruchtung, den Sammelflug der Arbeiterinnen, das Bienengift und den Honig –, fasst er alles zusammen und nennt das Wesen dieses Bienenzusammenhanges einen Organismus. Dies ist ein entscheidender Schritt: Er fasst die räumlich und zeitlich einzeln auftretenden Phänomene so zusammen, dass er sagt: Das Ganze ist ein Lebewesen, ein Organismus. Das Bienenvolk in der Vielfalt seiner Lebensäußerungen wird als eigener Organismus angesprochen. Damit erhalten die einzelnen Phänomene, z.B. die Königin, der Wabenbau, der Blütenflug, die Funktion von Organen des Organismus. Das heißt, sie stehen untereinander in einem interdependenten Zusammenhang, sind für sich nicht alleine lebensfähig und aus sich heraus nicht verstehbar. Der Bien als Ganzes ist das

Lebewesen. Diese Betrachtungsweise war bei der aus alter Weisheit inspirierten Bienenhaltung instinktiv auch da, und sie wurde auch durch genaue Naturbeobachtung im Laufe des 20. Jahrhunderts wiedergewonnen. Aber sie hat eben doch einen schweren Stand gegenüber einer Bienenkunde und Imkerlehre, die das Ganze aus dem Einzelnen zusammensetzt und nicht das Einzelne als Organ des Ganzen sieht. Nun geht Steiner noch einen Schritt weiter, indem er sagt, dass die Bienen eine besonders intime Beziehung zur Sonne haben. Es seien Tiere, die auf der Erde wie zu Gast sind, sie seien wie Botschafterinnen der Sonne auf der Erde. Und das gilt eben nicht unbedingt für die einzelne Biene, sondern für das Wesen, das sich seinen Organismus bildet. Dieser Bienenorganismus ist mehr ein Sonnenorganismus als ein Erdorganismus – halten wir dieses als Bild fest: Der Bien, der Bienenstock als Ganzes, das Lebensgefüge Bienenvolk ist ein «kleiner Sonnenorganismus» und in diesem Sinne nur zu Gast auf der Erde.

Zweites Bild: Die Erde wird befruchtet durch die Bienen

Steiner spricht über das Bienengift. Die Betrachtung wird ergänzt durch eine des Wespengiftes und der Ameisensäure. Jeder von uns kennt die Wirkung dieser Substanzen, es sticht, tut weh, ist vielleicht sogar gefährlich – «Waffen zur Verteidigung im Kampf ums Dasein» würde vielleicht eine darwinistische Betrachtung ergeben. Ganz anders hört es sich bei Steiner an, denn er macht bei seiner Betrachtung eine weit ausholende Geste und beschreibt, wie sich aus einem gemeinsamen evolutiven Ursprung Pflanzenleben und Insektenleben auseinandergegliedert haben und wie durch diese Insektengifte jetzt im ganz großen Haushalt der Natur das Leben auf der Erde erhalten wird. «*Die Gifte sind Geistsammler*»[3] und etwas später: «*Sie können daraus sehen, dass Gifte, wenn sie entzündlich wirken oder dergleichen, eigentlich zugleich die fortwährenden Heilmittel sind gegen das Absterben. Und man kann sagen, gerade die Biene ist in dieser Beziehung ungeheuer wichtig, damit sich alles in den Blumen erhält … Und dieses Erhalten zeigt eigentlich, dass jedes Mal, wenn die Insekten in dieser Weise sich in der Erde ergehen, dass da die Erde wiederum aufgegiftet wird, möchte ich sagen.*»[4] Die Gifte sind darum giftige Substanzen, weil die irdische Trägermaterie mit zu viel «Geist» befrachtet wird. «Geist» heißt in diesem Zusammenhang astralische und zum Teil ätherische Bildekräfte, die nicht in gesundem Maße inkorporiert werden können. Es ist ein Überschuss da an diesen Kräften und dadurch wird die Substanz, die sich daraus bildet, für andere Lebewesen giftig. Und jetzt das Erstaunliche: Nicht nur potentiell giftig, sondern auch heilend. Unter den giftigen Substanzen finden sich auch die stärksten Heilsubstanzen, wenn sie richtig zubereitet werden. Die Tollkirsche oder Belladonna ist ein bekanntes Beispiel. Und das Gleiche gilt auch für die Insektengifte. Das Bienengift, das für empfindliche Menschen gefährlich sein kann, ist eben auch ein Heilmittel. Steiner blickt jetzt nicht nur auf den isolierten Menschen hin, sondern auf den großen Naturhaushalt. Auch hier wirken diese Gifte heilend; Steiner drückt es so aus, dass er sagt: «die Erde wird aufgegiftet». Der Erde mit den Pflanzen fehlt etwas, wenn sie nicht von den Insekten besucht wird: Gleichzeitig mit dem Einsammeln des Nektars findet

---

3 Ebd., S. 240.

4 Ebd., S. 243.

die Bestäubung statt und die Sammelbiene gibt ein wenig Bienengift in die Blüte ab. Durch diesen in sich gegliederten, im Ganzen aber umfassenden Befruchtungsvorgang bleiben die Erde und insbesondere die irdische Pflanzendecke fruchtbar.

Drittes Bild: Der Flug in die Sonne

Steiner schildert die Befruchtung der Königin auf dem Hochzeitsflug. Die Königin verbringt ja sonst ihr ganzes Leben nur innerhalb des Stockes. Sie wird umsorgt von einem ganzen Hofstaat, damit sie ihre hauptsächliche Aufgabe, das Legen von Eiern, erfüllen kann. Nur die Königin legt Eier, keine einzige der anderen Bienen. Bei voller Brutaktivität können es bis zu 2000 Eier pro Tag sein! Als eierspendende Königin lebt sie im verborgenen Dunkeln des Stockes. Der Imker muss lernen, sie zu finden und zu erkennen. Er macht das nicht oft und braucht dazu viel Geduld. Beim Hochzeitsflug aber fliegt die Königin aus. Es ist neben dem Schwärmen das einzige Mal in ihrem Leben, wo sie den dunklen Stock verlässt und in die vom Sonnenlicht durchflutete Atmosphäre eines warmen Sommertages fliegt. Ein Teil ihres Volkes begleitet sie, der andere Teil bleibt mit der neuen Königin im Stock zurück. Die Königin kommt nur dieses eine Mal ans Licht und fliegt der Sonne entgegen. Steiner schildert diesen Vorgang nicht rein phänomenologisch, sondern prinzipiell. Er sagt: «… *sie will IN die Sonne fliegen.*» Sie ist ein Sonnentier und sie fliegt so hoch, wie sie kann. Nur von den ganz wenigen Drohnen, die mit ihr mithalten können, wird sie dann befruchtet – weit außerhalb des Stockes, in dem sie eigentlich auf der Erde lebt, und möglichst nahe der Sonne, zu der sie eigentlich gehört. – Ein unwahrscheinlich befeuerndes Bild – *«kein Hochzeitsbett, sondern Hochzeitsflug*», bemerkt Steiner.[5] Dieses Bild spricht vieles an, weil es eine Ahnung davon hervorruft, wie in vielen Verhältnissen das unsichtbar Fruchtbare in den Erdenverhältnissen eigentlich himmlischen Ursprungs ist. Insbesondere gilt das ja für uns Menschen, wo das Seelisch-Geistige in dem Leiblich-Lebendigen Wohnung nimmt. Und das Schwärmen der Königin mit ihrem Volk, was durch den Austritt der Königin aus dem Stock Ähnlichkeiten mit dem Hochzeitsflug hat, gemahnt uns an den Flug der Seele aus dem irdischen Leib, sei es beim Tode oder bei der Initiation. Steiner spricht das ganz am Ende der Bienenvorträge, am 22. Dezember 1923, an: «*Und wenn man jetzt den Bienenschwarm anschaut, so ist der zwar sichtbar, aber er schaut just so aus wie die Menschenseele, die den Körper verlassen muss. Es ist ein großartiges Bild, so ein fortschwärmender Bienenschwarm. Wie die Menschenseele den Körper verlässt, so verlässt, wenn die junge Königin herangewachsen ist, die alte Königin mit ihrem Anhang den Bienenstock, und man kann richtig am ausziehenden Schwarm ein Bild von der ausfliegenden Seele des Menschen sehen.*»[6]

Viertes Bild: Die Biene als Bild für den Menschen

Steiner berichtet, dass die Biene als ein heiliges Tier angesehen wurde, weil sie wie ein äußeres Bild ist dafür, wie wir in unserem Kopf organisiert sind. In unserem Kopf wirken zusammen Nervenzellen, Blutzellen und Eiweißzellen. Diese Gliederung wirkt verborgen und ist als solche nicht gegeben, sondern man muss sie prinzipiell verstehen. Nun ergänzt

5 Ebd., S. 138.

6 Ebd., S. 259.

Steiner, es gäbe in der äußeren Natur ein Bild für diese innere Kopforganisation des Menschen und das sei das Bienenvolk. Wenn jede dieser Zellenarten auswachsen und sich verselbständigen würde, dann würden aus den Nervenzellen die Drohnen, aus den Blutzellen die Arbeiterinnen und aus den Eiweißzellen die Königin. Die drei Typen von Bienen, die ja nur zusammen lebensfähig sind, werden parallel zu den drei Typen von Zellen im menschlichen Kopf gesehen. Dann wird weiterbesprochen, wie bei uns aus den Kopfkräften der übrige Organismus kräftemäßig geformt wird. Beim Embryo und auch beim Kleinkind werden der Rumpf und auch die Gliedmaßen als «Anhängsel» des Kopfes geformt. Primär ist der Kopf und sekundär der Rumpf und die Gliedmaßen, das gilt generell für die Individualentwicklung des Menschen und der höheren Tiere. Entsprechend wird bei den Bienen der Leib geformt, der zu dem Bienenschwarm gehört. – Was ist nun dieser Leib des Bienenorganismus, wenn alle Bienen schon zum Kopf gehören? Die Antwort ist erstaunlich: Es ist der Wachsbau. Die Waben aus Wachs entsprechen unseren Gliedmaßen, insbesondere den Knochen; die Waben sind der Leib des Bienenorganismus. An diesem Punkt sehen wir am Beispiel der Bienen tief in das Tierwesen hinein: Das scheinbar Äußere – bei den Bienen der Wabenbau, bei den Tieren allgemein das Habitat – gehört konstitutionell zum Tier dazu. Unter diesem Gesichtspunkt lebt das Tier nicht in einem wie von außen gegebenen Lebensraum, sondern lebend erschafft es sich ständig den näheren und ferneren Lebensraum, den es braucht. Wird dieser Lebensraum zerstört oder verändert, muss die Tierart verschwinden, weil sie nur in begrenztem Maße anpassungsfähig ist. Beim Menschen ist es anders; er ist in viel stärkerem Maße anpassungsfähig, denn sein ganzer

Leibesbau ist nicht durch Spezialisierung geprägt, sondern er ist vom Prinzip her universell veranlagt. Dies drückt sich im aufrechten Gang, den freien Händen und der Sprache aus. Das heißt, er kann als Neugeborener nicht viel, er muss alles lernen. Aber er kann lernen, er ist unbegrenzt lernfähig! Wir können als Konsequenz daraus als Menschen unser Habitat, unsere Umwelt in einem viel höheren Maße gestalten als die Tiere. Heute und auch schon zu anderen Zeiten der Kulturentwicklung sind wir dabei so weit gegangen, dass wir durch unsere Zivilisationsgestaltung den Lebensraum von Pflanzen und Tieren so weit beeinträchtigen, dass sie nicht mehr leben können. Das Bienensterben kann uns aufrütteln, an dieser Stelle wach zu werden: Wir sind nicht die einzigen Lebewesen auf der Erde und wir sollten unsere Lebensraumgestaltung daran orientieren, dass auch die Tiere und Pflanzen auf der Erde leben können.

Zum Abschluss der Betrachtung der Bienenvorträge möchte ich noch ein Zitat bringen, in dem dieses «Kameradschaftliche» zwischen Rudolf Steiner und den Arbeitern, das oben bereits erwähnt wurde, unmittelbar anwesend ist. Es ist auch das Zitat, in dem das Bienensterben in 100 Jahren – unsere katastrophale Realität von heute – von Steiner mit voller Überzeugung ausgesprochen wird.

«Man kann heute gegen die künstliche Bienenzucht gar nichts haben, weil wir schon einmal in Verhältnissen leben, in denen auf sozialem Gebiete gar nichts gemacht werden kann. Aber eingesehen werden muss es, dass es etwas anderes ist, ob man der Natur ihren Lauf lässt, oder wenn man etwas Künstliches in die Sache hineinbringt. Aber ich will mich da gar nicht gegen das, was Herr Müller gesagt hat, irgendwie aufbäumen. Das ist ganz richtig: Man kann das heute noch nicht feststellen, sondern

man muss das vertagen. Wir wollen uns in einem Jahrhundert wieder sprechen, Herr Müller, und wollen sehen, was Sie dann für eine Ansicht haben.»[7] Das Zitat zeigt, wie Steiner eben nicht in dem Sinne «lehrte», dass er sagte, ich weiß es eben und Sie, Herr Müller, wissen es nicht. Sondern er sagte: Gut, wir sind Kameraden, und wir sind dabei, gemeinsam herauszufinden, ob die künstliche Königinnenzucht längerfristig gut ist oder nicht. Dazu müssen wir uns in 100 Jahren wieder treffen … Natürlich ist hier ein hypothetisches Treffen gemeint.

Müller und Steiner sind jetzt als Persönlichkeiten nicht anwesend, aber wir sind da. Und wie stellt sich für uns die Situation dar? Wir haben im Verbreitungsgebiet der Apis mellifera ein massives Bienensterben. Was sind die Ursachen? Die Frage ist nicht restlos geklärt, aber man kann sechs Hauptfaktoren identifizieren: 1. Die Varoamilbe, die von der asiatischen Biene (Apis cerana) vertragen wird, aber nicht von der Apis mellifera, 2. Die künstliche Königinnenzucht und die Unterdrückung des Schwarmtriebes, 3. Die Nahrungsarmut in den modernen Agrarlandschaften, 4. Die zunehmende Vergiftung der Umwelt, 5. Der zu starke Honigentzug und die Ersatz-Fütterung mit reinem Zucker und 6. Eine nicht wesensgemäße Haltung, z. B. künstlich vorgegebene Waben. Alle diese Faktoren können von uns Menschen gezielt beeinflusst werden, wir stehen dem Bienensterben also nicht hilflos gegenüber. Darüber hinaus gilt es aber auch zu versuchen, tiefer in das Verständnis der Bienen einzudringen. Und dafür sind die Ausführungen Steiners nach wie vor wegweisend, weil wir anhand von ihnen lernen können, nicht von außen auf die einzelnen Phänomene des Bienen-

7 Ebd., S. 189.

lebens zu schauen, sondern gleichsam mit den Bienen neu schauen und denken zu lernen.

II. Der Landwirtschaftliche Kurs in Koberwitz 1924

Jetzt wollen wir uns das zweite historische Ereignis vergegenwärtigen, den «Landwirtschaftlichen Kurs» in Koberwitz. Ich möchte dieses Ereignis auf vier Realitätsebenen schildern. Als Erstes die physische Örtlichkeit: Ein Gutsbetrieb, weit weg von Dornach, ist Ort des Geschehens. Ich meine, das ist kein Zufall, der Landwirtschaftliche Kurs brauchte einen Ort, an dem tatsächlich Landwirtschaft betrieben wurde, um Realität werden zu können. Zweitens die atmosphärische Qualität: Es wird von allen Teilnehmern und auch von Rudolf Steiner von einem Fest berichtet. Drittens die seelische Grundlage, wie sie durch die Teilnehmer gegeben war. Und viertens der geistige Gehalt, der in den Inhalten des Landwirtschaftlichen Kurses seinen Ausdruck findet.

Auf Koberwitz, einem Gut bei Breslau, 350 Kilometer südöstlich von Berlin (damals Schlesien, heute Polen), wurde von den Gastgebern Graf Carl von Keyserlingk und seiner Frau Johanna in kürzester Zeit alles Nötige hergerichtet, um auf dem Lande den Fachkurs für Landwirtschaft, der schon lange in Aussicht gestanden hatte und jetzt an Pfingsten 1924 endlich stattfinden konnte, zu beherbergen. Nach einer langen Bahnfahrt trifft Rudolf Steiner mit seinen Begleitern am Abend des 6. Juni in Koberwitz ein. Die verheißungsvoll wartenden Menschen erschrecken zutiefst über das schlechte, abgezehrte Aussehen Rudolf Steiners. Kurt von Wistinghausen, der damals bei den Wartenden war, schildert es so: *«Es dunkelte schon, als das Auto endlich vorfuhr. Als Rudolf Steiner dem Wagen entstiegen war, erschraken wir alle über sein äußerst angegriffenes Aussehen. Er trug trotz der Sommerzeit einen Wintermantel. Eine am Griff seiner schweren Aktentasche befestigte Tragschnur, über die Schulter geworfen, schnitt tief in den dunklen Stoff des Mantels ein.»*[8] Am nächsten Morgen, dem 7. Juni, Samstag des Pfingstwochenendes, wird der erste Vortrag des Kurses gehalten, am Sonntag und Montag ist Pause, der zweite Vortrag findet dann am Dienstag, dem 10. Juni, statt. Ab dann folgt ein Vortrag pro Tag.[9] In der zweiten Hälfte des Nachmittages und an den Abenden sind viele Veranstaltungen in der Stadt Breslau, u. a. Vorträge, Klassenstunden, Jugendtreffen, Eurythmieproben und Aufführungen, angesetzt.

Rudolf Steiner ist voll beschäftigt und erst spät abends, um Mitternacht, kehrt man auf das Schloss zurück und sitzt noch zu einem Imbiss zusammen. In der Nacht dann, wenn alle anderen schlafen, schreibt Rudolf Steiner; die ersten Papiere übergibt er um fünf Uhr morgens den Boten, damit sie mit dem frühen Zug wegkommen. Und trotz dieser permanenten Überarbeitung jetzt das Überraschende: Mit dem Fortlauf der Woche, mit dem Entwickeln des Landwirtschaftlichen Kurses geht es Rudolf Steiner jeden Tag besser, er wird sichtlich gesünder, er lebt auf in dieser Atmosphäre, bei diesen Menschen, bei dieser geistigen Arbeit. Die Kurstage werden von allen Teilnehmern wie ein Fest geschildert. Es ist

---

8 Peter Selg, *Koberwitz, Pfingsten 1924: Rudolf Steiner und der landwirtschaftliche Kurs,* S. 88/89.

9 Dieses Jahr, 2014, liegen die Daten auf den genau gleichen Tagen wie 1924.

schönstes Frühsommerwetter, die Natur entfaltet ihre ganze Pracht, die Menschen sind in gehobener Stimmung, in den Pausen werden enorme Mengen von Würstchen und Brötchen und Happen aller Art verschlungen, man ergeht sich im Park, die jungen und schönen Eurythmistinnen sind auch da, und mit jedem Vortrag weitet sich der Horizont … Dies ist die Atmosphäre, wie sie überliefert worden ist von denjenigen, die damals teilnehmen konnten. Wenn vielleicht auch einiges später in nostalgischer Weise ein wenig hochstilisiert worden ist, glaube ich wirklich, dass die festliche Stimmung durch und durch Realität war und ist. Ich sage «ist», weil auch bei heutiger Vertiefung in die Vorträge des Kurses dieses Festliche durchschimmert – und dass die Neuimpulsierung der Arbeit an der Erde, wie sie durch den Landwirtschaftlichen Kurs eröffnet wurde, in ihrer Grundstimmung etwas Freudiges und Festliches ist. Diese wenigen Striche müssen genügen, aber es gibt ja einige Zeugnisse von Teilnehmern, die publiziert sind und die man nachlesen kann. Davon zwei Beispiele: Rudolf von Koschützki, der Priester war, im Hause Keyserlingk gelebt hat und teilgenommen hat, hat für seine Priesterkollegen ein Rundschreiben verfasst und sein Erlebnis der Koberwitzer Tage folgendermaßen formuliert: *«Wenn ich versuche, den Eindruck des Gottesgeschenks dieser Pfingsttage auszudrücken, so muss ich Euch sagen, dass das nur jemand verstehen kann, der wenigstens einmal in seinem Leben rasend verliebt war. Nun hebt dieses Gefühl aus dem Sinnlichen in das Geistige hinauf, so habt ihr meinen Gesamteindruck.»*[10] Vielleicht noch eines zum Schluss; Guenther Wachsmuth sitzt mit Rudolf Steiner im Zug, der Kurs ist vorbei, sie fahren

10 Siehe Peter Selg, a. a. O., S. 83.

zurück: «*Es lebt mir noch in intensiver Erinnerung, wie Rudolf Steiner nun während der Fahrt nach einiger Zeit stillen Nachdenkens, in Rückschau auf die vergangenen Tage, plötzlich mit starker, freudiger Betonung sagte: ‹Nun haben wir auch dieses wichtige Werk geschafft.› Selten habe ich Rudolf Steiner nach einer vollbrachten Tat so freudig bewegt und sichtbar beglückt erlebt, wie es in diesem Augenblick nach der landwirtschaftlichen Tagung zum Ausdruck kam.*»[11]

Die Teilnehmer

Welche Zuhörer nahmen an diesen Vorträgen teil? Bauarbeiter wie in Dornach bei den Bienenvorträgen waren es nicht, und Bildungsbürger, wie bei den meisten anderen Vorträgen, waren es auch nicht: Es waren Landmenschen. Diesen Ausdruck wähle ich, um deutlich zu machen, dass die wenigsten Teilnehmer Bauern im heutigen Sinne waren; es waren Gutsbesitzer, Verwalter, Agraringenieure usw., also Landherrschaften und ihre jüngeren und vielleicht auch manchmal älteren Mitarbeiter. Ich habe mir das Bild von drei oder vier Gruppen unter den Teilnehmern gemacht.

Die erste Gruppe möchte ich «die Sozialiker» nennen. Bei ihnen läuft alles auf die sogenannte «soziale Frage» hinaus. Graf Keyserlingk, der Gastgeber, steht hier an erster Stelle. Keyserlingk war ja Graf und seine Frau war die Gräfin – diese Titel wurden bei jeder Anrede tatsächlich gebraucht –, dabei zeugten sie ja von einer längst vergangenen Welt. In der Schweiz wurden Adelstitel schon vor über 700 Jahren abgeschafft und auch in Berlin war ja 1918 die Revolution über die Bühne gegangen. Keyserlingk war somit noch Träger

---

11 Ebd.

einer uralten sozialen Funktion auf der einen Seite – und auf der anderen Seite betrieb er eine industrielle Landwirtschaft. Er war Güterdirektor im Rahmen einer Aktiengesellschaft, die eine Zuckerfabrik betrieb, und dazu brauchte es die Rohstoffe, die Zuckerrüben von den Gütern – dafür wurde er bezahlt. Eine moderne Form der Landwirtschaft, von Bauerntum keine Spur: der Mann war Manager. Er wurde auch als der «rote Graf» bezeichnet, weil er für seine Arbeiter sorgte. Wir sehen hier einen Menschen, der stellvertretend für eine ganze Gruppe steht und bei dem die sozialen Fragen der Landwirtschaft in ihrer ganzen Dringlichkeit und Dramatik anwesend sind: Wem gehören Grund und Boden, wohin werden die Produkte geliefert, was haben sie für einen Preis, was ist die Stellung der Landwirtschaft in der gesamten Wirtschaft …?

Die zweite Gruppe könnte man nennen die Esoteriker. Stellvertretend für sie steht Ernst Stegemann. Er hatte ja schon zwei oder drei Jahre vor dem Landwirtschaftlichen Kurs nach Angaben von Steiner einiges auf seinem Gutshof umgestellt und er war besonders verbunden mit der Saatgutfrage. Meines Wissens war er es, der Steiner die Frage nach der abnehmenden Saatgutqualität gestellt hat, und er fragte nicht nur nach praktischen Angaben als Bauer, sondern es war ihm ein tiefes Bedürfnis, einen meditativen Zugang zur Welt der Lebewesen zu finden. Steiner gab ihm Meditationen bezüglich der Landwirtschaft. Vielleicht stellt man sich nach dieser Beschreibung vor, er sei ein schmächtiger Mensch gewesen. Wenn man aber ein Foto der damaligen Zeit anschaut, steht er als stattlicher Mann gewichtig in der Gruppe. Aber sein Zugang war ein stark esoterischer. Es wird erzählt, dass er sich in den Arbeitspausen auf dem Acker zum Teil zurückgezogen hat, um zu meditieren. Auch er steht stellvertretend für eine Gruppe.

Die dritte Gruppe waren die jungen Praktiker. Dazu gehörten Erhard Bartsch, Franz Dreidax, Almar von Wistinghausen und Immanuel Vögele. Sie gehörten zumeist zum jungen Mitarbeiterstab von Keyserlingk und sie waren praktische und studierte Landwirte. Sie schreiben Steiner Briefe mit der Bitte um einen Kurs. Steiner sagt, «ein bisschen konkreter bitte». Daraufhin erstellten und redigierten sie Listen von Fragen über das, was sie behandelt haben wollten. Aus diesen Listen sind unter anderem die Inhalte der Vorträge des Kurses hervorgegangen. Also hier ging es darum, die Sache auf den Boden zu bringen; praktisches Tun war gefragt.

Ich mache hier einen kleinen Einschub, weil mir eine Parallele mit unserer aktuellen Arbeit aufgefallen ist, als ich mir diese drei Gruppen verdeutlicht habe. Die landwirtschaftliche Tagung 2011 trug ja den Titel «Von Brennpunkten zu Leuchtpunkten». Vor und während der Tagung hatten wir sehr viel Material gesammelt, um zu erfahren: was brennt bei uns und was wollen wir zum Leuchten bringen? Es war eine Art Standortbestimmung der biodynamischen Bewegung und ihres Umfeldes, und die Frage nach den Brennpunkten war nicht so sehr auf den Alltag gerichtet, sondern auf die Ebene, die das tägliche Leben trägt. Wie stehe ich mit meiner Biographie in der Biodynamik? Was passiert nach unserer Generation mit dem Hof? Haben wir noch Visionen und Ideale oder braucht man das heute nicht mehr? Sind wir einfach ein Demeter-Club zur Erlangung höherer Preise oder wollen wir etwas bewegen in der Land- und Ernährungswirtschaft usw.? Wir haben dann dieses reiche Material intensiv gesichtet und haben versucht, das Gemeinsame herauszuhören. Ganz am Schluss haben wir drei Brennpunkte, die zu Leuchtpunkten werden sollten, formuliert:

1. Unsere Höfe sollen gute Höfe sein; 2. Wir wollen einen inneren Weg gehen; 3. Wir wollen uns bei den großen Zeitfragen einbringen. Dabei ist mir aufgefallen, dass das, was wir da gefunden haben und das, wie ich meine, authentisch ist und uns bei unserer Arbeit Orientierung geben soll und kann, sich parallel zu den damaligen drei Gruppen oder Motiven verhält. In unserem Anspruch, dass unsere Höfe gute Höfe sein sollen, finden wir wieder die jungen Praktiker von damals; in dem Streben, einen inneren Weg gehen zu wollen als Biodynamiker, finden wir in Verwandlung die damaligen Esoteriker, und in dem Engagement für die aktuellen Zeitfragen unserer Zivilisation finden wir verwandelt die damaligen Sozialiker. Es ist erstaunlich einerseits und auch bestätigend andererseits, die drei verschiedenen Zugangswege zur Biodynamik von damals heute wieder zu entdecken. Dabei wird auch deutlich, dass die Einteilung in Gruppen nur bedingt richtig ist, denn jeder Mensch, das heißt jeder von uns, trägt natürlich alle drei Ansprüche in sich. Für die heutige Situation ist es sicher so, dass es nicht so sehr darum geht, uns in drei Gruppen aufzuteilen, sondern dass jeder für sich einen Weg sucht, die praktische Arbeit, den inneren Weg und das zivilgesellschaftliche Engagement gleichzeitig zu befördern.

Und dann gibt es eben noch eine vierte Gruppe, ich nenne sie die komischen Käuze. Bekannt ist die Geschichte von Wilhelm Rath. Er war als Vertreter einer Jugendgruppe von Stuttgart herbeigeeilt, um dem Herrn Doktor «ganz wichtige!» Papiere zu überbringen. Er war Literat und Altphilologe und damit beschäftigt, alte Texte aus dem Lateinischen zu übersetzen. Er erwischt Steiner gerade noch, als dieser mit dem Grafen Keyserlingk vor dem Eingangsportal steht, um alle Teilnehmer mit Handschlag zu begrüßen. Irgendwie ahnt er, dass hier etwas Bedeutendes vor sich geht, und er fragt, ob er teilnehmen könne. «Offiziell» war das eigentlich unmöglich: nur angemeldete Fachpersonen aus der Landwirtschaft waren zugelassen. Da schaut ihn Rudolf Steiner an, wie er so vor ihm steht, mustert ihn und sagt, «ein Landwirt sind Sie ja nicht, aber ein Landstreicher – Sie können rein». Wilhelm Rath hat später in Kärnten ein Landgut betrieben. Der Impuls für eine neue Landwirtschaft, den er in Koberwitz aufgenommen hat, hat ihn nicht mehr losgelassen.

Zum Inhalt des Landwirtschaftlichen Kurses

Welches sind die wichtigsten Inhalte in Steiners Landwirtschaftlichem Kurs? Auf diese Frage versuche ich mit einer Zusammenfassung zu antworten, indem ich die acht Vorträge zu drei Gruppen zusammenfasse. Als erste Gruppe spreche ich die drei ersten Vorträge an.

Dort wird ein enorm großes Naturbild entwickelt, das relevant ist für die Landwirtschaft. In dem kleinen Lebensgeschehen einer sich entwickelnden Pflanze ist der ganze Kosmos wirksam. Die obersonnigen und die untersonnigen Planeten werden in ihrem Verhältnis zu Kiesel und Kalk eingeführt. Der Boden wird als atmende Mitte zwischen Oben und Unten beschrieben. Die Tiere, mehr in der Waagrechten lebend und unverzichtbar für die funktionierende landwirtschaftliche Ganzheit, gestalten sich zwischen dem sonnigen Vorne und dem mondhaften Hinten. Was ist kosmisch, was ist irdisch? Dieses ABC ist zu lernen. Wie begegnen sich Irdisches und Kosmisches? Anhand der Befruchtung im Samen wird der Öffnungsmoment des Irdischen für das Kosmische bei dem Übergang von einer Generation zur andern erläutert. Der Humus als Universalsame und sein mineralisches Pendant, der Ton, werden besprochen. Aus dieser großen Geistnatur kann jetzt der «landwirtschaftliche Organismus» gebildet werden; er ist konstitutiv und funktionell als «landwirtschaftliche Individualität» veranlagt.

Mit diesen zwei Begriffen werden neue Dimensionen der Praxis und der Wissenschaft eröffnet. 1924 gab es noch keine Ökologie im heutigen Sinne, und der Begriff des landwirtschaftlichen Organismus ist wie ein Keim zu dem, was sich heute als Biolandwirtschaft und Ökologie entwickelt hat. Der Terminus beinhaltet, dass im Lebendigen die Summe mehr ist als die Addition der Teile, oder anders ausgedrückt, das Ganze ist das Primäre und der Teil das Sekundäre. Und wenn man aus der Ebene des Ganzen blickt und handelt, dann werden die Teile zu Organen des Organismus. Das ist ein radikal anderer Ansatz als der analytische, der das Ganze als zusammengesetzt aus den Einzelelementen betrachtet. Den Begriff der landwirtschaftlichen Individualität haben wir auch heute erst ansatzweise erfasst. Er impliziert für die Landwirtschaft eine Art Verwandtschaft mit dem Menschen, denn nur bei diesem kann man unter allen Erdenwesen von einer Individualität sprechen. Wie soll und kann man dieses «Menschwerden» einer Landwirtschaft verstehen und damit arbeiten? Anhand dieser Frage können wir einiges von dem, was noch als Zukunftspotential in der Biodynamik steckt, erahnen.

Dann, im dritten Vortrag, werden die Erdenstoffe, die das Eiweiß formen – Schwefel, Kohlenstoff, Stickstoff, Sauerstoff und Wasserstoff – als Geschwister in ihrer Naturalchemie erläutert. Wir befinden uns hier ganz in der Weisheitswelt des Makrokosmos, wie sie immer und in allen Kulturräumen für die Landwirtschaft seit ihren Anfängen relevant gewesen ist. Die Durchdringung vom oberen Lichtraum mit dem unteren Erdraum, aus der im Sinne des Zarathustra die Landwirtschaft inauguriert wurde, ist präsent in diesen drei ersten Vorträgen.

Dann, als zweite thematische Partie, betrachten wir die Vorträge 4 und 5. Jetzt wird es ganz praktisch: die neue Erfindung der Präparate wird eingeführt. Und zwar gar nicht durch lange theoretische Erläuterungen, sondern im Sinne von «nehmen Sie, machen Sie, Sie werden schon sehen, es funktioniert ...». Die Präparate, wie sie Steiner hier darstellt, sind ein völliger Neugriff, nicht etwas Altes, das aufgewärmt wird. Man kann auch sagen, es handelt sich um eine neue Erfindung für die Landwirtschaft und den Umgang mit der Natur. Der Verstand, der das von außen systematisch verstehen will, ist zunächst wie blockiert. Man muss eintauchen, künstlerisch und praktisch, man muss wie in den Sinn hineinschlüpfen, um in dieser Wirklichkeit, die sich in den Präparaten repräsentiert, auch gedanklich ankommen zu können. Und dann merkt man: Hier wird jetzt eine neue landwirtschaftliche Epoche eröffnet, das geht über Zarathustra hinaus, da arbeiten wir jetzt mit der Sonne IN der Erde, mit den anfänglichen Geisteskräften, die die Erde durchziehen als zukünftige Sonne. Die Präparate sind mehr als «nur» Heilmittel, denn die alte Gesundheit für die Erde und die Natur gibt es so nicht mehr. Sie sind im eigentlichen Sinne Düngemittel, die es erlauben, die Produktivkraft der Erde weiter zu fördern und uns Menschen die richtige Nahrung zu geben, um frei und verantwortlich in der Partnerschaft mit der Erde zu stehen. Hornmist und Hornkiesel, Schafgarben-, Kamille-, Brennnessel-, Eichenrinde-, Löwenzahn- und Baldrianpräparate repräsentieren eine neue Stufe der Kultivierung, der Agri-Kultur. Und was ganz wichtig ist: Sie sind frei zugänglich; jeder, der will, kann sie herstellen und anwenden ... Die Rezepturen werden nicht geheimgehalten und es gibt keine Lizenzen. Der individuellen Freiheit des Erkennens, auf der die Anthroposophie und die Biodynamik basiert, entspricht hier eine Freiheit des Handelns für jeden Menschen. Und tatsächlich gibt es heute auf allen Erdteilen und in allen Kulturen Menschen, die den Zugang zu den Präparaten gefunden haben und mit ihnen umgehen.

In diesem zweiten Teil wird jetzt auch die Stellung des Menschen gegenüber der Natur ganz deutlich: Er steht nicht abseits, er ist nicht nur Zuschauer oder sogar eine Art Störenfried für die Natur. Im Gegenteil, erst durch sein Tun, durch seine Arbeit an der Natur ist Kultivierung möglich. Am Ende des vierten Vortrages heißt es direkt: «Der Mensch wird zur Grundlage gemacht.» Damit ist gesagt, dass das Maß für das Tun, im Besonderen für die Präparate, am Menschen genommen wird. Er ist das Modell, das Leitmotiv für die landwirtschaftliche Arbeit. Dies steht in deutlichem Gegensatz zur Orientierung an den Wissenschaften der toten Materie, die Leitbildfunktion haben für die sogenannt konventionelle Landwirtschaft. In vieler Hinsicht ist die Biodynamik eine menschenbasierte und menschenorientierte Landwirtschaft.

Als dritte und letzte Gruppe werden hier die Vorträge 6, 7 und 8 angesprochen: Hier wird jetzt die Regulation von Gleichgewichten zwischen den Organen und deren Funktionen innerhalb der Landwirtschaft beschrieben und angeleitet. Es geht um die Schädlinge und Krankheiten – aus den großen Kategorien von Oben und Unten, von Nährkraft und Reproduktionskraft, von Wasser und Feuer werden die Techniken abgeleitet, wie man regulierend eingreifen kann. Es geht auch um Landschaftsgestaltung: Wie modelliert man einen fruchtbaren Organismus aus den Landschaftselementen, wie ergänzen sich Tier und Pflanze, im Großen wie im Kleinen? Im achten Vortrag gibt Steiner Anregungen zur Tierhaltung; eine rationelle Fütterungslehre wird entwickelt, und zwar aus den bisherigen Elementen des Kurses. Auf die Verdauung der Kuh wird speziell eingegangen, mit der Schlussfolgerung, dass sie nicht denkt, sondern «mistet»: Die Kräfte im Mist sind wie geopferte Gedanken, sie finden ihre Erfüllung, wenn sie in richtiger Dosierung über die Pflanzenwurzel ins aktuelle Leben verwandelt werden: Ich-Tätigkeit der landwirtschaftlichen Individualität. – Punkt und Umkreis des landwirtschaftlichen Organismus, den wir pflegen.

In diese drei Teile kann man, glaube ich, rein sachlich die acht Vorträge einteilen, die den Landwirtschaftlichen Kurs ausmachen – dazu gibt es ein paar Begleittexte, aber mehr ist es nicht. Wenn man denkt, wie vielfältig dieser Impuls heute in der Welt steht, wie global er geworden ist, wie er ein wesentlicher Ursprung der gesamten Biobewegung ist, kann man ermessen, was für eine ungeheure geistige Substanz in diesen wenigen Tagen an Pfingsten 1924 in die Welt gekommen ist.

III. Wie hat Rudolf Steiner gearbeitet?

Nach der Schilderung dieser zwei historischen Ereignisse haben wir den ersten Teil des Titels meines Beitrages «Von den Bienenvorträgen 1923 zum Landwirtschaftlichen Kurs 1924» hinter uns gebracht und wollen uns dem zweiten Teil zuwenden «Wie hat Rudolf Steiner gearbeitet?» Ist es möglich, aus der historischen Betrachtung in die Geistesgegenwart des Steiner'schen Schaffens einzutauchen? Aus welchem Arbeitsstrom sind diese zwei «Werkstücke» entsprungen?

Was ist das Hervorbringende bei Steiner hinter dem Hervorgebrachten? Da möchte ich ansetzen und drei solche hervorbringenden Qualitäten versuchen zu erlauschen und zu beschreiben. Falls es gelingt, ein wenig in die Gegenwart des schaffenden Geistes einzutauchen, kann das auch heute noch Gegenwart werden, und wenn diese Geistesgegenwart damals zukunftsstiftend hat sein können, dann wird sie es heute auch noch sein. Das bedeutet, es geht mir um die Frage, wie wir richtig in die Zukunft kommen: Welche Akzente setzen wir in den kommenden zehn Jahren zwischen heute und 2024, dem 90. Jubiläum bis zum 100. Jubiläum der historischen Ereignisse?

Erste Qualität: Der Atem zwischen den Weltenweiten und dem Menscheninneren

Ich setze ein beim ersten Vortrag des Landwirtschaftlichen Kurses. Würde man ihn in einer fremden Sprache in die Hand kriegen, dann wäre das Interessanteste und das Verständlichste wohl die Zeichnung. Sie ist ja ganz einfach und sieht so aus:[12]

Ein kleines Zentrum, ein großer Umkreis und eine Linie, die beides verbindet. Die kleine Erde in der Mitte,

---

12 Rudolf Steiner, Geisteswissenschaftliche Grundlagen zum Gedeihen der Landwirtschaft, GA 327, S. 40.

der große Saturnumlauf und eine Durchmesserlinie, die beide verbindet, weil sie verbunden sind. Dies ist die erste Zeichnung für die neue Landwirtschaft. Ein Bild mit gigantischen Dimensionen: es geht bis zum Umlauf des Saturn. Mit dem Blick auf diese Zeichnung will ich auf diese ganz großen Natur-Geistes-Darstellungen hinweisen, die wir bei Rudolf Steiner, gerade in dieser Zeit von 1923 bis 1924, finden. Es geht nicht nur um die schiere räumliche Größe, sondern um die geist-natürliche Mehrdimensionalität, die in diesen Monaten mit einer radikalen Klarheit und Tiefe dargestellt wird. Im August 1923 findet die Summer School in Penmaenmawr in Wales statt. An diesem Ort, wo die alte keltische Kultur noch stark präsent ist, hält Steiner den Zyklus «Initiations-Erkenntnis, die geistige und physische Welt- und Menschheitsentwicklung» (GA 227), in dem vielfach Bezüge hergestellt werden zwischen den inneren Erlebnissen der Menschen und den entsprechenden Phänomenen im Naturwirken. Im Oktober 1923 folgt «Das Miterleben des Jahreslaufes in vier großen kosmischen Imaginationen» (GA 229). Ein Zitat aus diesen großartigen Tableaus wird weiter unten besprochen werden. Der Zyklus «Der Mensch als Zusammenklang des schaffenden, bildenden und gestaltenden Weltenwortes» (GA 230) schildert die Natur, zum Beispiel die Tiere Adler, Löwe und Kuh, aus dem Imaginativ-Typologischen, und in diesem Lichte sind sie wie die äußeren Manifestationen desjenigen, was beim Menschen als die Seelenfähigkeiten von Denken, Fühlen und Wollen auftritt. Dann folgt der Vortragszyklus «Mysteriengestaltungen» (GA 232), der im gleichen Zeitraum wie die Bienenvorträge gehalten wird. Anhand einer Geschichte der Mysterienstätten wird das kulturgeschichtlich gewachsene Verhältnis von innerem

Menschenerleben und äußerem Geistwirken in der Natur dargestellt.

Dieser geistige Blick in die Natur ist ganz klar anwesend in den Bienenvorträgen und taucht dann wieder auf im Landwirtschaftlichen Kurs, als große und tiefe Bilder in den ersten drei Vorträgen. Sicher kennen viele von uns diese Vortragszyklen, oder Teile davon. Um sie uns zu vergegenwärtigen, möchte ich ein solches Bild zitieren: «*Es ballt sich zum Bild zusammen, was unten silberglänzende Bläue ist, es konsolidiert sich in dem Bilde der Erdenmutter, ob Sie es nun Demeter, ob Sie es Maria nennen. So dass, wenn man den Blick nach unten richtet, man eigentlich nicht anders kann, als in Imagination alle diese Geheimnisse der Tiefe zusammenfassen als dasjenige, was die Stoffesmutter alles Daseins ist, während man in dem, was sich oben konzentriert, in der fließenden Gestalt, alles das empfindet, was der Geistvater alles Daseins um uns herum ist.*»[13] Als Landwirt ist es nicht schwierig, einzutauchen in diesen Imaginationsstrom. Die fruchtbare Durchdringung von dem dunklen Erdigen, das hier als Stoffesmutter angesprochen wird, und dem lichthaften Himmlischen, das hier als Geistvater angesprochen wird, ist die Urgeste der Landwirtschaft. Bleiben Erde und Himmel getrennt, ist der Boden nicht fruchtbar und wir befinden uns in einer Wüste. Erst das Eindringen von Licht und Wärme in das Feuchte und Erdige ermöglicht, dass der Boden in Tätigkeit kommt. Diese Durchdringung als Kulturtätigkeit in systematischer Weise zu lehren und zu lernen, hat in der urpersischen Zeit mit Zarathustra seinen Anfang genommen. Seitdem haben

13 Zitat aus Das Miterleben des Jahreslaufes in vier großen kosmischen Imaginationen, GA 229, S. 67 (Johanniimagination).

die Bauern über tausende von Jahren den Boden geritzt und gepflügt, gleichsam die Stoffesmutter empfänglich gemacht. Und dann haben sie das Saatgut als Repräsentant des himmlischen Geistvaters im Schwung und Rhythmus der Bewegungen des säenden Menschen auf die bereitete Erde ausgebracht.

Das Durchgehende an diesen Schilderungen der großen Geistnatur ist, dass es immer einen Bezug zum Menschen gibt. Der Mensch erscheint unter verschiedenen Aspekten immer als der Mikrokosmos im Verhältnis zum Makrokosmos. Einerseits gilt dies konstitutiv in dem Sinne, dass man die menschliche Leibesorganisation als den kleinen Kosmos verstehen kann. In der Landwirtschaft kennen wir gut das Verhältnis von oben und unten in der Natur und beim Menschen, weil es umgekehrt ist. Das, was beim Menschen oben ist, das Haupt, entspricht in der Natur dem Unten, den Vorgängen, die sich in der Erde abspielen. Und entsprechend ist der Metabolismus, der beim Menschen unten ist, in der Landwirtschaft oben, in allem, was sich über dem Boden abspielt. Dem Zwerchfell als mittlerem Organ entspricht der Boden als Mitte zwischen oben und unten. Diese Entsprechung gilt aber auch physiologisch; so entspricht zum Beispiel dem Sauerstoff verbrauchenden Atem des Mikrokosmos Mensch (zusammen mit den höheren Tieren) das Sauerstoff erzeugende Atmen der grünen Pflanzen. Und das Prinzip gilt auch seelisch und geistig, indem gewisse Naturphänomene und Stimmungen sich als Erscheinungsformen von Qualitäten darstellen, die wir aus unserem Seelenleben kennen. So wird zum Beispiel der eisenhaltige Meteorfall aus der Region des Perseus mit den seelisch-geistigen Mutkräften im Mikrokosmos Mensch in Korrespondenz gebracht.

Deutlich kommt die Entsprechung von makrokosmischer und mikrokosmischer Welt zum Ausdruck in dem Spruch zur Grundsteinlegung der Allgemeinen Anthroposophischen Gesellschaft während der sogenannten «Weihnachtstagung» in Dornach, 1923, die ja zwischen den Bienenvorträgen und dem Landwirtschaftlichen Kurs liegt. Da heißt es:

Menschenseele!
Du lebest in den Gliedern, … *(Mikrokosmos)*
Denn es waltet der Vater-Geist der Höhen
In den Weltentiefen Sein-erzeugend … *(Makrokosmos)*

Menschenseele!
Du lebest in dem Herzens-Lungen Schlage, … *(Mikrokosmos)*
Denn es waltet der Christus-Wille im Umkreis
In den Weltenrhythmen Seelen-begnadend … *(Makrokosmos)*

Menschenseele!
Du lebest im ruhenden Haupte, … *(Mikrokosmos)*
Denn es walten des Geistes-Weltgedanken
Im Weltenwesen Licht-erflehend … *(Makrokosmos)*[14]

Und dieser Bezug zwischen Mensch als Mikroskosmos und Welt als Makrokosmos ist ebenso präsent in den Bienenvorträgen und er taucht auch wieder auf im Landwirtschaftlichen Kurs. Dort – vielleicht noch entschiedener als an anderen Stellen – ist nicht nur die Natur Grundlage für den Menschen, sondern der Mensch ist auch Grundlage für die Natur. Der Mensch, der ja der Zusammenklang der ganzen Natur

---

14 Die Konstitution der Allgemeinen Anthroposophischen Gesellschaft …, GA 260 a, S. 34 f.

ist, wird jetzt zum Ausgangspunkt für die Kultivierung der Natur: Am Ende des vierten Vortrages im Landwirtschaftlichen Kurs, nach Einführung der ersten Präparate, heißt es: *«Der Mensch wird zur Grundlage gemacht.»*[15] Es ist ein tiefes Erlebnis, wenn man dieser Umwandlung innewird.

Zweite Qualität: Der Sprung über den Abgrund des Nichts

Nun möchte ich zu einem zweiten Punkt vorschreiten und die Frage stellen: Wie kommt Steiner aus diesen großen Imaginationsbildern in die Handlung hinein? Warum fordert er jetzt – sinngemäß: «Nehmen Sie die Blüten der Schafgarbe, stopfen Sie sie in eine Blase eines Hirsches, hängen Sie sie an die Sonne, dann vergraben Sie das in der Wintererde und dann impfen Sie damit Ihren Dünger.» Was passiert hier? Was motiviert diesen häretischen Eingriff in die weisheitsvolle Natur? Es soll jetzt der Mensch wollen und tun: Wie können wir hier Steiner verstehend folgen; und wo befindet sich jetzt seine Geistesgegenwart?

Ich möchte nochmals hinweisen auf den Kontrast zwischen den oben geschilderten großen Imaginationsbildern der kosmisch-irdischen Geistnatur und dem jetzt ganz konkreten, praktischen Eingriff, der ja dieses Weisheitsvolle, Schöne, Erhabene «zerstört»: Die Schafgarbenblüten werden abgezupft, sie fehlen dann in der Natur; der Hirsch wird geschossen und geöffnet, sonst kommen wir nicht an seine Blase. Was kann das für einen Sinn haben – diese Eingriffe? Es war doch bisher so weisheitsvoll, schön und erhaben. Nun, von der Vergangenheit her betrachtet, aus den Tiefen der Zeiten, in denen die wundervolle Schafgarbe und der

15 GA 327, a. a. O., S. 103.

schöne, leicht nervöse Hirsch von der Natur geschaffen und entwickelt worden sind, hat es keinen Sinn, noch irgendetwas «nachbessern» zu wollen. Die Schafgarbe ist auf ihre Weise das Maximum, der Hirsch ist auf seine Weise das Maximum – Spitzenwerke der Natur! Antrieb und Sinn, hier einzugreifen, kommen nicht aus der erkennenden Betrachtung, die wir mit unseren Vergangenheitskräften anstellen. Sondern der Antrieb, über das Gewordene hinauszugehen und verwandelnd einzugreifen, kommt aus der Zukunft auf uns zu. Nicht aus der Zukunft, die die Fortsetzung der Vergangenheit ist, «dem Futurum», sondern aus der Zukunft, die auf uns zukommt und die in der Gegenwart schon anwesend ist, «dem Adventus». In diesem Strom leben wir mit unserm Willen, mit dem schöpferischen Willen – aus diesem Willensstrom kommt die Anleitung und Anweisung, jetzt aus den Maximal-Erscheinungen der geschaffenen Natur – Schafgarbe, Hirschblase und dem Jahreslauf – etwas Neues zu machen: das Schafgarbenpräparat. Die Präparate sind ja Düngepräparate. Düngen bedeutet, die Produktivität zu ermöglichen, zu steigern, zu harmonisieren, aber eine Produktivität im landwirtschaftlichen Sinn, also weit über das natürliche Niveau hinaus – quantitativ und qualitativ. Steiner mahnt im Rückblick auf Koberwitz am 20. Juni in Dornach: *«Es geht nicht darum, die Landwirtschaft ein bisschen zu verbessern, sondern es geht darum, ob das Leben auf der Erde überhaupt weitergehen kann.»*[16] Unter diesem Gesichtspunkt sind die Präparate als «Zukunftsermöglichungsmittel» für die Partnerschaft von Mensch und Erde ein epochaler und menschheitlicher Griff von Rudolf Steiner. Wie ist er aber dazu gekommen?

16 GA 327, a.a.O., S. 12.

Meine Frage zielt nicht auf eine Erklärung ab, sondern wir können versuchen, Steiner nahezukommen, indem wir in seinen Lebens- und Arbeitsstrom eintauchen, aus dem dieses Tun aufleuchtet. Vor diesem Hintergrund möchte ich in den Blick nehmen, dass Rudolf Steiner bei der «Weihnachtstagung», etwa in der Mitte der Zeitperiode, die wir hier betrachten, die Anthroposophische Gesellschaft neu begründet und selber den Vorsitz übernommen hat. Das war – von der Vergangenheit her gesehen – etwas, was ganz außerhalb der Gepflogenheiten lag. Drastischer ausgedrückt war es etwas «Verbotenes»: Der Geisteslehrer, der Initiierte durfte nicht gleichzeitig einer irdisch-sozialen Organisation vorstehen, die dazu dienen soll, diesem Erkenntnisstrom einen irdischen Ort im Kulturleben zu ermöglichen. Steiner übernimmt bei der Weihnachtstagung aber dieses Amt. Er wird später schildern, wie er gegenüber der geistigen Welt an diesem Punkt ein Risiko eingegangen ist, das darin bestand, nicht zu wissen, ob durch diese Tat der Erkenntnisstrom aus der geistigen Welt weiterfließen oder versiegen würde. Er wurde dazu gebracht, weil kurz davor «sein» Goetheanum abbrannte, Anthroposophen untereinander vor allem stritten, weil er nicht sah, wie es weitergehen konnte angesichts dieser baulichen und sozialen Ruinen. Rudolf Steiner schwankt zunächst zwischen zwei Möglichkeiten: Dem Abbrechen seiner Beziehungen der Anthroposophischen Gesellschaft – er würde sich zurückziehen und die äußere Kulturtätigkeit der Anthroposophie müsste ohne seine direkte Mitarbeit auskommen. Und der Alternative des vollen Einsatzes, was bedeutet, dass er die direkte Verantwortung für die Organisationsform der Anthroposophie in der Welt und vor der Welt übernimmt. Steiner wählt die zweite, von der Tradition her «verbotene» Variante. Er springt in den Strom, der aus der Zukunft kommt, geht das volle Risiko ein. Er springt damit in seine Bestimmung hinein, oder in eine neue Dimension seiner Bestimmung, die er nicht kennen kann, sondern nur wollen kann, weil sie aus der Zukunft kommt.

Auf die «Weihnachtstagung» und alles, was damit zusammenhängt, wollen und können wir hier nicht weiter eingehen. Wir können uns an diesem Punkt aber vergegenwärtigen, dass damals die Sektionen eingerichtet wurden, und dass das, was heute die Sektion für Landwirtschaft ist, in seinen ersten Anfängen veranlagt wurde. Rudolf Steiner nennt diese Vollzüge am Schluss der Tagung einen «Welten-Zeitenwende-Anfang». Vieles oder alles, was nachher folgt, so auch die neue Impulsierung der Landwirtschaft, trägt dieses Gepräge. Und am Greifbarsten wird es eben bei den Präparaten. Über alles andere kann man ja diskutieren – die Präparate kann man nur machen, herstellen. Wenn man sie nicht herstellt, gibt es sie nicht. Man muss sie also zuerst schaffen, bevor man darüber diskutieren kann. Man muss hineinspringen durch die Tat in den Strom, der aus der Zukunft kommt – so beschreibt es Steiner in einem «Michaelbrief»[17], den wir bei der Tagung 2011 hier behandelt haben –, wo die Erde selber eine Sonne sein wird. Und dieses zukünftige Sonnensein der Erde ist jetzt schon anfänglich da, und wir können es unterstützen – ganz konkret, jeder mit seiner Hände Arbeit, am besten mit dem Einsatz der Präparate, jeder an seinem

---

17 Anthroposophische Leitsätze, GA 26, «Was ist die Erde in Wirklichkeit im Makrokosmos», S. 197 ff.

ganz speziellen Ort. «Hineinspringen in das Karma, das mir aus der Zukunft entgegenkommt», möchte ich diese zweite Qualität von Steiners Schaffen nennen.

Dritte Qualität: Die Geschwisterlichkeit als geistiges Prinzip

Versuchen wir noch in eine dritte Qualität von Steiners Schaffen hineinzulauschen: in die soziale Qualität. Dazu nehme ich den Ausgangspunkt bei den Gesprächen und Ansprachen, die anlässlich der Gründung des Versuchsringes anthroposophischer Landwirte in Koberwitz am 11. Juni (also am Tag des dritten Vortrages) aufgezeichnet wurden und die heute im «Landwirtschaftlichen Kurs» mit abgedruckt sind. Es ging darum, einen Versuchsring zu gründen, um den neuen Impuls für die Landwirtschaft und insbesondere die praktischen Angaben in der Praxis zu testen, zu pflegen, zu verwalten, zu entwickeln. Man denkt vielleicht: «Nichts einfacher als das! Da kommt eine große Gabe von Rudolf Steiner, also vereinigen wir uns, um sie entgegenzunehmen.» Leider war die Versammlung der Landwirte dann eine Katastrophe; die Leute haben sich heftig gestritten, besonders zwischen Ernst Stegemann und Graf Keyserlingk sind richtig die Fetzen geflogen. Dann hat man sich doch zusammengerauft und den Versuchsring gegründet. Steiner, der dabei war, bemerkte dazu: «*Und so ist es ja sehr merkwürdig, man hat viel, aber in aller Gutartigkeit und ohne Ironie, weil man sich gefreut hat darüber, über die Differenz bei der ersten Versammlung zwischen dem Grafen Keyserlingk und Herrn Stegemann gesprochen. Und so etwas nuanciert sich dann, so dass ich fast glaubte, man müsse nachdenken, ob an jenem Abend nicht der anthroposophische Vorstand oder irgend jemand ersucht werden müsse, um dabei zu sein, um die streitenden Geister zu verbin-*

den. Aber nach und nach habe ich mich von etwas ganz anderem überzeugt, davon, dass das, was da sich geltend macht, eigentlich die Grundlage ist zu einem intimen sich geltend machen unter Kollegen – man hat nur eine gewisse raue Außenseite.»[18]

Ich denke, es ist ja heute oft noch ähnlich: Nach außen sind wir die armen Bauern, aber jeder ist auf seinem Hof der König. Und wehe der Nachbarkönig von einem anderen biodynamischen Hof würde in einem ungeschickten Moment seine Sicht der Dinge – zum Beispiel über den Mist, über die Präparate, über die Konstellationen – auf königliche Art verlauten lassen – da flögen die Fetzen! Die Geschichte der biodynamischen Bewegung ist reich an solchen Streitigkeiten. Königlich dabei ist nicht die Höhe der Weisheit – im Gegenteil. Eine Erfahrung, ein Gesichtspunkt, eine Anschauung wird als die einzig richtige erklärt und mit einem gewissen Absolutheitsanspruch ins Feld geführt. Königlich ist der Anspruch auf die ausschließliche Wahrheit, und dieser birgt allzu leicht die Gefahr der kleinlichen Rechthaberei. Und trotzdem: Wir arbeiten zusammen, wir haben nicht eine gespaltene Bewegung, wir haben *eine* Bewegung. Das Erlebnis der Tiefe und Gewaltigkeit des Impulses für eine Landwirtschaft der Zukunft ist immer wieder stärker als die differierenden Kräfte. Und es geht eben nur weiter, wenn der König auch Hirte ist. Ich bin sicher, wir schaffen das vor allem, weil wir mehr arbeiten als denken. Als tätiger Landwirt erlebe ich ja täglich, wie ich mit aller Anstrengung der Größe der Natur, den Ansprüchen der Gesellschaft, meinen eigenen Zielen gegenüber klein dastehe. Ich meine nicht, dass wir kleinlich sind, aber im Verhältnis zu dem, was wir zu bewegen

---

18 GA 327, a. a. O., S. 235, Ansprache vom 10. Juni.

versuchen, sind wir klein. Jeder von uns ist ein Arbeiter oder ein Hirte an einem kleinen Punkt der großen Erde vor einem winzigen Moment der Jahrhunderte und Jahrtausende, mit denen wir umgehen in der Landwirtschaft. Und als Landarbeiter werden wir an vielen Stellen angesprochen im Landwirtschaftlichen Kurs von Rudolf Steiner: «Gehen Sie hin und riechen Sie, ob es stinkt oder nicht stinkt», sagt er den Herrschaften, die im Kurs sitzen. Dieses Zitat findet man nicht im Landwirtschaftlichen Kurs, Steiner drückt sich hier nobler aus: «Es ist gut, wenn Sie ein persönliches Verhältnis haben.»[19] Aber dieser Satz heißt im konkreten Zusammenhang eben, dass man mit der eigenen Nase riechen soll, ob es stinkt oder nicht. Oder: «Es ist gut, wenn derjenige, der das Präparat rührt, auch meditieren kann»[20] – das ist nobel ausgedrückt. Wenn man es übersetzt, liegt darin die Botschaft: Lassen Sie das mal nicht Ihre Knechte machen, machen Sie das selber usw.

Gehen wir zurück zu den Bienenvorträgen: das waren Arbeitervorträge, aber nicht Landarbeiter, sondern Bauarbeiter. Rudolf Steiner liebte diese Menschen und sie ihn. Er hatte ja in seiner Berliner Zeit an der Arbeiterbildungsschule von Alfred Liebknecht unterrichtet und bei Gelegenheit bezeichnet er sich selber als von proletarischer Herkunft. Sein Vater war Techniker bei der Eisenbahn – der Grund, warum Rudolf Steiner im heutigen Kroatien geboren wurde, denn sein Vater war dort dienstlich stationiert. Steiners Liebe zum Proletariat war allerdings keine affektive, sondern man könnte sagen eine «objektive». Der Proletarier oder der Arbeiter ist ein Mensch, der nichts besitzt und der nichts ist, außer das, was er tut und

19 GA 327, a.a.O., S. 91 f.

20 GA 327, a.a.O., S. 114 ff.

aus sich selber ist – voraussetzungslos: denkend, fühlend, wollend. Er lebt im Gegensatz zu den Adligen, die Habende sind kraft ihrer Geburt, kraft des Vererbungsstromes aus der Vergangenheit, und im Gegensatz zur Bourgeoisie, die sich als Bildungsbürgertum durch das moderne Leben mit den Idealen der antiken griechischen Kultur zu bewegen versucht.

Beide Lebensformen waren ein Horror für Steiner, das hat er oft in seinen Vorträgen zur sozialen Frage mit einer gewissen Schonungslosigkeit artikuliert – aber mit solchen Menschen hatte er es vornehmlich zu tun. Darum liebte er das rein Menschliche der Arbeiter. Gleichzeitig war er ein vehementer Gegner des Marxismus und der ganzen Indoktrination der Arbeiterklasse mit dem sozialistischen und marxistischen Gedankengut. Denn er erlebte und sah die große Gefahr, dass das Proletariat durch Ideologien Opfer einer Massenmanipulation wird. Gerade das Individuelle, das sich frei entwickeln könnte, weil es keinen Ballast aus der Vergangenheit mitschleppt, sah er in Gefahr, unter die Räder zu kommen. Er befürchtete, dass durch Massenpsychologie die moderne Arbeiterschaft zur Knetmasse werde von Diktaturen; das 20. Jahrhundert hat diese Entwicklung dann ja in großem Maßstab zur tragischen Realität werden lassen. Steiner war der Meinung – insbesondere in den Oxforder Vorträgen 1922[21] –, wir könnten das Rad der Geschichte nicht zurückdrehen, die Arbeitsteilung und die industrielle Wirtschaft seien Tatsachen. Soziale Utopien im Sinne von geschützten, heilen Welten hätten keinen Sinn.

21 Rudolf Steiner, Die geistig-seelischen Grundkräfte der Erziehungskunst, Spirituelle Werte in Erziehung und sozialem Leben, GA 305, Vorträge vom 26., 28., 29. August 1922.

Aber wir könnten durch das freie, geistige Tun des Arbeiters – das heißt von uns als arbeitenden Menschen – eine neue Sozietät begründen. Er beschreibt in Oxford auch, wie er mit den Arbeitern am Goetheanum geistig zusammenarbeitet. Aus der Schilderung geht hervor, dass die Arbeitervorträge – und die Bienenvorträge sind Arbeitervorträge – als Beitrag zum modernen Geistesleben beabsichtigt wurden. Hier Arbeitervorträge, in Koberwitz werden wir als Landarbeiter angesprochen, und Steiner verstand sich selber als Geistesarbeiter – und zwar, glaube ich, je weiter sein Leben fortschritt, desto mehr. Sozial gesprochen stehen wir alle als Arbeitende auf Augenhöhe untereinander. Es gibt niemanden, der höher steht, weil er mehr geerbt hätte – sei es Besitz, sei es Bildung. Jeder steht frei in seiner individuellen karmischen Situation, diese ist sehr individuell, ja nur unter diesem Gesichtspunkt kann das Individuelle der Schicksalssituation ganz zum Tragen kommen – aber wir stehen als Schwestern und Brüder in der Welt und vor der Welt. Diese Geschwisterlichkeit im Geiste ist die moderne soziale Form, die dann je verschieden gestaltet werden muss im Geistesleben, im Rechtsleben und im Wirtschaftsleben. Damit wollte ich hinweisen auf eine dritte Qualität des Steiner'schen Schaffens, jene soziale Qualität, die uns zugänglich ist, weil wir als Könige auch Hirten sind, weil wir den hohen Impuls der neuen Landwirtschaft täglich durch viel Arbeit erden.

Zukunftsimpulse

Um meine Ausführungen abzuschließen, versuche ich jetzt einiges zusammenzufassen im Sinne einer Zukunftsperspektive. Neben dem, dass die historische Betrachtung an und für sich interessant ist, kann sie dazu dienen, uns bewusster in die Gegenwart zu stellen, und uns helfen, dasjenige, was aus der Zukunft auf uns zukommt, bewusster zu erkennen und aktiv zu ergreifen. Und so möchte ich es unternehmen, jetzt als Folgerung aus der vorangegangenen Betrachtung drei Orientierungslinien in den Zukunftsraum der nächsten zehn Jahre zu legen.

Die erste Orientierung möchte ich nennen:
«Der Mensch wird zur Grundlage gemacht.»

Die Natur ist in ihrer geistigen Dimension immer viel größer und weiter, als wir ahnen, wir erleben es gerade am Beispiel der Bienen. Es ist möglich, mit dieser Geistdimension zu arbeiten und sie nicht auf eine materialistische Dimension herunterzuschrauben, wenn man den Menschen als Zusammenklang mit dem Makrokosmos, als Mikrokosmos mitbedenkt. Ich glaube, diese Orientierung ist fruchtbar und zeitgemäß, sowohl für die ganz praktischen Fragen auf den Höfen, zum Beispiel bezüglich der Tierhaltung (was ja unser nächstes Jahresthema sein wird), wie auch für die Fragen, die die ganze Erde betreffen, wie zum Beispiel das Bienensterben oder die Klimaveränderung.

Die zweite Orientierung möchte ich nennen:
«Den Flug in die Sonne.»

Die Befruchtung für uns sowohl als Forschende als auch Handelnde passiert dann, wenn man abspringt vom alten Planeten und in den Zukunftsstrom eintaucht, der mir als Sonne, als Leuchtpunkt entgegenstrahlt. Das ist unser Willensstrom, in der inneren und in der äußeren Arbeit. Pflegen wir ihn! Er geht schnell unter neben allem Konzeptuellen und Verstandesmäßigen, das uns das Leben heute in vielfacher Weise abfordert. Aber dieses Wachhalten der Impulsqualität macht uns jung und wird uns ermöglichen, unsere Biographien und unsere Gemeinschaften zu realisieren und an unserer Zeit dranzubleiben.

Die dritte Orientierung möchte ich nennen:
«Geschwisterlichkeit.»

Rudolf Steiner hat dieses Bild im Zusammenhang mit dem Landwirtschaftlichen Kurs auf die Spitze getrieben, indem er vom Versuchsring der Landwirte und der Sektion in Dornach als von Zwillingen sprach. Ganz allgemein kann Geschwisterlichkeit eine Orientierung sein, uns einerseits als unterschiedlich, divers und individuell zu empfinden und zu sein, andererseits aber genauso als geistig zusammengehörig gegenüber dem Impuls für eine Landwirtschaft der Zukunft. Ich glaube, wir sind da bereits gut unterwegs mit einer Dialogkultur, die wir hier in Dornach als Sektionsqualität zu entwickeln versuchen, durch das Suchen und Entwickeln von neuen Ansätzen im Anerkennungsverfahren der Höfe und Produkte im Rahmen von Demeter International und, als Wichtigstes, durch einen neuen Schub, den wir jetzt lancieren müssen für ein assoziatives Wirtschaften.

Ueli Hurter

Naturerkenntnis und die Freiheit des Menschen im Michael-Zeitalter

Einleitung

Die Michaelbriefe[22] stellen seit mehr als 30 Jahren eine wichtige und sehr fruchtbare Grundlage für die Arbeit in der Sektion für Landwirtschaft dar. Dieser Essay wurde besonders durch die Beschäftigung mit dem Michaelbrief «Die Freiheit des Menschen und das Michael-Zeitalter» und mit dem Thema der landwirtschaftlichen Tagung am Goetheanum 2014, «Die Bienen, Schöpferinnen von Beziehungen», angeregt. Als roter Faden zieht sich die Frage der Freiheit des Menschen im Zeitalter der Bewusstseinsseele durch die gesamte Darstellung. Dabei ergeben sich folgende Gesichtspunkte: Wie kann die heutige Menschheit in eine Beziehung zur geistigen Sphäre eintreten, ohne dabei ihre errungene Freiheit zu verlieren? Wie kann der Mensch heute eine neue Verbindung zu den Wesen der Natur und eine neue Art der Erkenntnis der Natur gegenüber aufbauen, welche über die bisher gepflegte, rein naturwissenschaftliche hinausgeht? Und wie kann er aus diesem neuen Verständnis handeln? Ist es möglich, aus dieser neu errungenen Freiheit die Welt zu verstehen, um dadurch wesensgemäß und verantwortlich zu handeln? Kann ich eine innere Sicherheit, eine innere Grundlage für meine Handlungen in mir finden – souverän, frei von Vorurteilen, Meinungen und fertigen Vorstellungen?

---

22 Rudolf Steiner, Anthroposophische Leitsätze, GA 26.

Die Michaelbriefe sind kurze, inhaltlich dichte Texte von Rudolf Steiner, die er im letzten Jahr seines Wirkens geschrieben hat; der «Landwirtschaftliche Kurs»,[23] der die Grundlage der biodynamischen Landwirtschaft ist, fand ebenfalls in diesem Jahr statt. Diese Texte, die eine «verdichtete» Form der Anthroposophie darstellen, sind eine Art Vermächtnis Rudolf Steiners. Er selbst hat sie als Anregung für die eigene Arbeit betrachtet. Wie Samen erscheint einem der Inhalt, aus dem man viel entwickeln kann, wenn man sich damit beschäftigt und versucht, ihn mit dem eigenen Erleben zu verbinden. Wenn man diese Texte studieren will, kann man zuerst versuchen, sie gedanklich zu erfassen, um sie gleichsam in der Seele zu verinnerlichen und diese kosmischen Gedanken wieder in sich aufleben zu lassen. Plötzlich kann man zu Evidenzerlebnissen kommen. Was anfänglich kompliziert erschien, wird plötzlich klar! Dabei ist es wichtig, sich an den ersten Leitsatz zu erinnern, der den Ton und die Absicht Steiners wiedergibt: «*Anthroposophie ist ein Erkenntnisweg, der das Geistige im Menschenwesen zum Geistigen im Weltall führen möchte.*»

Warum Michaelbriefe?

Die «Anthroposophischen Leitsätze» beschreiben die Mission Michaels. Er ist der Geist, der nach den Forschungen Steiners die geistige Lenkung der Menschheit seit dem Jahr 1879 übernommen hat und für die kosmische Intelligenz

---

23 Rudolf Steiner, Geisteswissenschaftliche Grundlagen zum Gedeihen der Landwirtschaft, a. a. O.

Verantwortung trägt, womit – von einem weiteren Gesichtspunkt aus – das intellektuelle Vermögen des Menschen gemeint ist. Heute ist Michael in einer Sphäre, die ganz nah an dem Bewusstsein des Menschen ist, aber doch von ihm getrennt, um die Menschen frei zu lassen. Kann man Michaels Wirkung wahrnehmen? Ich denke ja. Sie ist als eine besondere Kraft wahrnehmbar und es ist sehr interessant, zu bemerken, wie in den Jahren 1880–1890 verschiedene Künstler das Michaelmotiv dargestellt haben. Man denke nur an die Künstlergruppe Der Blaue Reiter und besonders an Wassily Kandinsky, der sehr viele Michaelmotive gemalt hat. Dabei hat dieser seit langer Zeit in verschiedenen Kulturkreisen verehrte Erzengel (es gibt viele Michael-Heiligtümer in ganz Europa, wie zum Beispiel der Mont St. Michel in der Bretagne oder die Insel Skellig Michael in Irland) eine ganz besondere Aufgabe: er ist – wie oben erwähnt – der Verwalter der kosmischen Intelligenz. Rudolf Steiner schreibt, dass man in alten Lehren «*die Macht, aus der die Ideen der Naturdinge zu den Menschen fließen*», Michael genannt hat.[24]

Wie kann man das verstehen? Früher, beschreibt Rudolf Steiner, empfingen die Menschen die Gedanken direkt von Michael. Sie betrachteten «*die Gedanken als Eingebungen einer geistigen Welt*»[25] und hatten nicht, wie wir heute, den Eindruck, dass sie selber dächten. Sie empfanden, dass sie beim Betrachten eines Naturwesens den Gedanken, die Idee – d.h. das Verständnis des Inneren dieses Wesens – durch die geistige Welt bekamen. Heute haben die Menschen das Gefühl, dass sie selber die Gedanken bilden. Die Intelligenz

24 Rudolf Steiner, Anthroposophische Leitsätze, GA 26, S. 59.
25 Ebd.

ist individuell geworden. So erkennen wir heutigen Menschen beim Betrachten eines Naturwesens nicht mehr direkt sein Ideelles, sein Inneres und damit das, was es seinem Wesen entsprechend ist. Jedes Naturding ist für uns zuerst ein Rätsel. Und wir müssen unsere eigene individuelle Intelligenz anwenden, um zur Idee dieses Wesens vorzudringen. Wir haben oft den Eindruck, an der Oberfläche zu bleiben, nicht hineindringen zu können. Auch die detaillierte Analyse einer Erscheinung gibt uns keine Antwort auf die Frage nach dem Wesen, das sich dahinter verbirgt.

Wie können wir wieder im «Buche der Natur» lesen, um die Ideen der Naturdinge oder Naturwesen verstehen zu lernen? Die Wesenheit des Erzengels Michael hilft uns dabei, wenn wir uns ihr in einer angemessenen Art nähern.

Trennung vom Sein der Welt

Blick auf die Bewusstseinsentwicklung

Im Michaelbrief «Gnosis und Anthroposophie»[26] wird eine weite Perspektive vorgeführt, die uns helfen kann, die Entwicklung der Menschheit durch verschiedene Bewusstseinszustände zu verstehen. Dort wird dargestellt, dass in einem frühen Stadium alle Erkenntnis des Menschen in den Sinnen, die direkt durch Farben, Formen usw. geistige Wesenheiten (Ideen) offenbarten, lebte. Der Mensch war noch nicht von der Welt, vom Sein, getrennt. Er hatte noch keine Seele, keine Innerlichkeit.

Schritt für Schritt verschwindet diese direkte Verbindung

26 Ebd., S. 207.

zur geistigen Welt. In der ägyptischen Kulturepoche entwickelt sich in der Trennung von der äußeren Welt die menschliche Innenwelt, die Seele. Der Mensch nimmt die Welt über seine Sinne wahr und das Göttliche zeigt sich in «Bildideen» im Innern des Menschen und nicht mehr direkt in der Sinneswahrnehmung.

Ein dritter Schritt vollzieht sich in der griechischen Kultur. Die Welterscheinungen werden nicht mehr selbstverständlich hingenommen: Der Mensch stellt sich Fragen in Bezug auf seine Sinneswahrnehmungen; das Wesen der Naturdinge ist nicht mehr direkt wahrnehmbar. Das eigene Denken und damit die Philosophie finden ihren Anfang. Der Mensch muss in sich aktiv eine Antwort auf die Fragen der Welt finden.

Im vierten Schritt, der ab dem 15. Jahrhundert mit der Entwicklung der Bewusstseinsseele beginnt, wird die Trennung des Menschen von der Welt noch stärker. Die Welt spricht gar nicht mehr zu den Menschen. Der Mensch nimmt nur noch den toten Aspekt der Naturwesen wahr und erklärt die Natur als Mechanismus. Es besteht die Gefahr des totalen Verlustes der Verbindung mit dem Sein der Welt. Wir leben heute in dieser Situation.

Der Brief mit dem Titel «Die Freiheit des Menschen und das Michael-Zeitalter»[27] beginnt mit einer Untersuchung unserer aktuellen Bewusstseinslage – im Zeitalter der Bewusstseinsseele. Im ersten Teil werden seelische Prozesse beschrieben, die man sehr gut kennt, die aber meistens unbemerkt und von alleine ablaufen wie Wahrnehmen und Erinnern. Die Auseinandersetzung mit diesen seelischen Prozes-

---

27 Ebd., S. 213 ff.

sen ermöglicht es, zu verstehen, wie sich im Bewusstsein diese Trennung des Menschen vom Weltensein vollzieht. Rudolf Steiner regt uns an, eigene seelische Prozesse zu beobachten. So kann ich beispielsweise untersuchen, wie Wahrnehmung und Erinnerung in mir geschehen. Es gibt ein Forschungsfeld in mir: Ich bin gleichzeitig das Erforschte und der Forschende.

Wahrnehmen

Betrachten wir, was bei der Wahrnehmung geschieht. Beim Aufwachen, wo ich noch nicht ganz wach bin, nehme ich zuerst diffus ein leuchtendes Gebilde, das sich bewegt, wahr. Als Erstes kann ich mich fragen, was das ist. Anfänglich bleibt es unklar. Und plötzlich, wie von einem Lichtstrahl erhellt, ist es klar: Es ist die Sonne, die in dem vom Wind bewegten Vorhang spielt.

Die Wahrnehmung ist wie eine Frage und dann kommt die Antwort: ein Begriff, der sich zu einer festen Vorstellung verdichtet. So gibt es zwei Aspekte des Wahrnehmens: Zuerst muss ich mich durch eine Frage aktiv mit der Welt verbinden: Was ist das? Dann folgt der zweite Prozess, der, so beschreibt es Rudolf Steiner, wie ein innerliches Malen ist. Ich muss mich anstrengen, um das Wahrgenommene konturiert zu erhalten, sonst bleibt alles diffus. Um die Wahrnehmung klar zu bekommen, um ihr einen Sinn zu geben, werden innerliche Bildekräfte benutzt. Dieser Prozess ist ein Lichtprozess. Es ist das Licht, was uns hilft, die Welt konturiert zu sehen.

Eine sehr interessante Erfahrung in einem Kurs über Pflanzen hat mir geholfen, den Begriff des Lichtes besser zu verstehen. Ich habe die Teilnehmer, unter welchen sich auch ein blinder Mann befand, danach gefragt, was Licht ist. Wie nimmt man Licht wahr? Die Beschreibungen waren dahin gehend, dass von Licht gesprochen werden kann, wenn die Dinge der Welt Kontur, Farbe und Differenzierung bekommen. Im Dunkeln ist alles grau und ohne Kontur. Der blinde Mann sagte, dass er dies bestätigen könne. Wenn er in einen unbekannten Raum komme, sei es zuerst immer unkonturiert in ihm. Erst nach dem Tasten entstehe nach und nach ein inneres konturiertes Bild. Diese «durchhellende» Qualität der Sinne ist somit nicht auf den Sehsinn begrenzt. Der Begriff Licht im esoterischen Sinne meint eben diese Qualität, die uns die Kontur, die Klarheit, die Formen wahrnehmbar macht. So gestalten wir etwas innerlich, was aber nur Bild (nicht mehr Sein), sondern Vor-stellung ist. Die Vorstellung ist etwas vom Sein der Welt Getrenntes, etwas, das ich *«vor* mich *stelle»*.

Erinnern

Der seelische Prozess des Erinnerns ist am besten erforschbar, wenn es einmal nicht mehr von alleine funktioniert. Zum Beispiel, wenn ich im Laufe eines Vortrages plötzlich nicht mehr weiß, was ich sagen wollte. Wenn ich nun krampfhaft nach dem Faden, dem Gedanken suche, finde ich ihn nicht. Schaffe ich es jedoch, locker und im Rhythmus zu bleiben, so stellt sich die Erinnerung von selbst ein. So hat die Erinnerung mit anderen Kräften zu tun als unsere gedankliche Konzentration.

Wie kommt es jetzt zum Prozess der Erinnerung? Die fertigen Vorstellungen werden nicht wie in einer Datenbank in meinem Gehirn gespeichert. Beobachte ich mich selbst, merke ich, dass bei der Erinnerung auch ein Prozess geschieht. Unbewusst wissen wir viel mehr, als uns bewusst wird. Mit der Erinnerung hole ich etwas aus diesem unbewussten Strom. Ich spüre diese Qualität, ich muss in den Rhythmus, in diese Schicht hineinkommen und versuchen, das zu Erinnernde neu zu malen. Ich habe eine innere Spur in mir; diese muss ich neu gestalten, neu konturieren. Dazu brauche ich Bildekräfte und das Bild stelle ich dann vor mich hin, um mit meinem Ich sagen zu können: «Ja, so war das.»

Drei Schritte sind also zu vollziehen: Erstens: herankommen an diesen Kräftestrom, zweitens: innerlich malen und gestalten und dann drittens: mir die Sache gegenüberstellen, um zu bestätigen, dass es so war. Dieser Prozess des Erinnerns gibt meinem Ich die Kontinuität. Ohne zu wissen, was gestern geschah, wäre jeder Tag ein völlig neuer Anfang.

Die Kraft zum Wahrnehmen und Erinnern

Um diese zwei Prozesse, Wahrnehmen und Erinnern, tiefer zu verstehen, beschreibt Steiner eine kosmische Lebenskraft, die uns unbewusst mit dem Sein der Welt verbindet. Er beschreibt sie so: «*sie* [die kosmische Kraft] *wirkt als Wachstumskraft, als belebender Impuls im Hintergrunde des Menschenlebens … Sie sondert nur einen kleinen Teil von sich ab, der als Tätigkeit in die Bewusstseinsseele eintritt.*»[28] Bei kleinen Kindern scheint diese Kraft stärker unbewusst zu wirken. So haben wir keine Erinnerungen bis zum dritten Lebensjahr, da wir noch mit der Welt verbunden waren und keine getrennten Vorstellungen bilden konnten. Diese kosmische Kraft hat unseren Leib aufgebaut. Das kleine Kind wächst in den ersten drei Lebensjahren sehr schnell. Diese belebende Kraft,

28 Ebd., S. 213.

die uns ganz mit der Welt verbindet, hat mit der Nachtwelt zu tun, mit dem Aufbau, mit der Jugend. Wir haben keine direkte Erfahrung von dieser Kraft, denn sie ist unbewusst. Aber wir können sie indirekt erfahren. Zum Beispiel fühlen wir uns nach einer guten Nacht am Morgen belebt. Unser Leib wurde während des Schlafes durch die unbewusste Kraft regeneriert.

Schlaf-, Traum- und Wachbewusstsein

Die Beschreibung Steiners in dem Brief «Schlaf und Wachen im Lichte der vorangegangenen Betrachtungen»[29] hilft den Unterschied zwischen den drei verschiedenen Bewusstseinszuständen des Menschen im irdischen Leben: Schlafen, Wachen und Träumen, zu verstehen. Im Schlafzustand ist der Mensch unbewusst mit dem Sein der Welt vereinigt. Beim Einschlafen lässt sich dieser Prozess ein klein wenig beobachten: Ich habe den Eindruck, dass ich immer weiter und weiter werde, dass ich mich «auflöse», ins Sein der Welt zerfließe. Umgekehrt kann ich beim Erwachen den Eindruck haben, dass ich mich sammle, konzentriere, manchmal gar in ein Loch falle. Beim Aufwachen reduziert sich meine Welt auf einen kleinen Teilaspekt. Durch die Sinneswahrnehmung und das Bilden von Vorstellungen entsteht eine Trennung von der Welt. Im noch nicht ganz wachen Zustand kann dieses Halb-mit-der-Welt-verbunden-Sein erlebt werden: Es ist eine Art Traumbewusstsein, in dem ich viel erlebe, ohne Abstand nehmen zu können. Im Traum scheint das Verrückteste möglich. Im Wachzustand lebt der Mensch in Gedankenschatten; er ist bewusst, aber von der Wirklichkeit

29 Ebd., S. 202 ff.

getrennt. «*Mit seinem eigenen Ich-Sein hebt er sich heraus aus dem Sein der Welt.*» Der Mensch ist im wachen Zustand frei von seinen unbewussten Verbindungen zum Sein der Welt geworden, dadurch, dass er sich getrennt von der Welt erlebt. Aber das Erleben dieser Trennung von der Welt führt zu einem Gefühl der Einsamkeit, das in vielen eine Sehnsucht nach Verbundenheit entstehen lässt. Es stellt sich die Frage: Ist es möglich, aus der Freiheit heraus, die auf dem Getrenntsein von der Welt beruht, eine neue Beziehung zu den Wesen der Natur aufzubauen, um die Welt erneut verstehen zu lernen und daraus wesensgemäß handeln zu können?

Sich in Freiheit mit der Welt verbinden

Die Freiheit und ihre Gefahren

Beim Erwachen ist das volle Sein mit der Welt auf einen Teilaspekt reduziert. Ein großer Teil der Wirklichkeit fehlt. Durch die Sinneswahrnehmung und das Bilden von Vorstellungen entsteht eine tiefe Trennung zwischen mir und der Welt. Wären wir hingegen ständig mit allem Sein der Welt verbunden, gäbe es keinen Unterschied zwischen mir und der Welt: Ich würde ganz zerfließen, bewusstseinsmäßig ganz aufgelöst sein. Rudolf Steiner beschreibt die Trennung als einen Abgrund, den wir bei jeder Wahrnehmung und Vorstellung einer Sache herstellen. Dieser Abgrund ist aber auch die notwendige Voraussetzung unserer Freiheit und Emanzipation der Welt gegenüber. Sie birgt jedoch verschiedene Gefahren.

Sich von der Welt befreien (emanzipatorische Freiheit) birgt die Gefahr, dass man Vorstellungen und Bilder, die nur einen Teil der Wirklichkeit darstellen, miteinander kombiniert und so eine Scheinwelt aufbaut. Dabei vergisst man den Gesamtzusammenhang, aus dem man die eigene Vorstellung gebildet hat. Die konventionelle Wissenschaft, die sich mit ihrer Forschung ganz auf die Sinneswahrnehmung und auf die Vorstellungen stützt, hilft uns, ganz frei zu werden. Durch diese Emanzipation von der Wirklichkeit können dann Vorstellungen des Gewordenen beliebig kombiniert werden. Immer mehr wird machbar. So kann ich z. B. anhand bestimmter Vorstellungen überlegen, wie die Bienen dazu gebracht werden können, mehr Honig zu produzieren. Dabei werden Vorstellungen kombiniert, die nur dem toten Teil der Wirklichkeit – hier: die Biene als Honigproduzentin – entsprechen. Das Ergebnis dieses Kombinierens bringt unerwartete Nebenwirkungen, die das Leben der Bienen schwächen. Zum Beispiel hat man die Bienen in viereckige Häuser gebracht, obwohl sie in der Natur immer rundliche Gehäuse suchen. Weiter bringt man feste Rähmchen mit Wachsansatz, damit sie weniger Energie «verschwenden»; dabei ist der Aufbau des Wachses ein Aufbau des eigenen Skelettes für das Gesamtwesen des Biens. Sie werden auch oft mit Zucker ernährt, um mehr Honig entnehmen zu können. Nur ist der Zucker eine Substanz, die qualitativ weit vom Honig ist, weil er gar nicht von Blüten kommt und weil er von einer einzigen Pflanze kommt statt aus der Vielfalt der blühenden Wiesen …

In dem Brief wird auf eine weitere Gefahr hingewiesen, nämlich dass «*die Erinnerungskräfte Reste der Vergangenheit sind*»[30] und deswegen in das Machtgebiet Luzifers gelangen

30 Ebd., S. 215.

können. Die innere Kraft, die jeder von uns spüren kann und welche Luzifer genannt wird, kann die Eindrücke der Welt so verdichten, dass sie zu fixen Ideen werden, d. h. dass ich die Eindrücke nicht jedes Mal neu wahrnehmen kann, sondern schon gebildete, alte Vorstellungen das Bewusstsein dominieren. Wenn ich als Botaniker alle Pflanzen systematisch bestimme und sie lateinisch benenne, also eine fertige Vorstellung darüber stülpe, kann ich gleichzeitig spüren, dass ich die Pflanze kognitiv «töte».

Das entspricht seelisch der Gebärde des Einsperrens eines Schmetterlings in einen Kasten. Die Gefahr dabei ist, dass ich nichts Neues lerne, weil ich in meine Erinnerungen und Vorstellungen eingekapselt bin. Dieser Glaube, im Voraus schon alles zu kennen und zu wissen, trennt mich noch stärker von der Welt. Eine Tendenz, die vor allem durch die modernen Medien zunehmend verstärkt wird. Bei botanischen Führungen passiert es mir immer wieder, dass jemand – vor einer Pflanze stehend – von seinem iPhone aus Wikipedia vorliest, was es über die Pflanze zu wissen gibt, anstatt bei der Beobachtung der Pflanze im Hier und Jetzt zu sein. Doch durch das bereits Geschriebene, Gesagte befinde ich mich in der Vergangenheit und verliere noch stärker den Bezug zur Wirklichkeit.

Aber die Kraft Michaels hilft uns, dieser Gefahr entgegenzuwirken. Steiner schreibt darüber:

«Sie lässt das im inneren Lichte Gemalte nicht zum Sein erstarren, sondern erhält es im erstehenden und vergehenden Bilde. – Die überschüssige Kraft, die da aber durch Luzifer heraufdrängt aus dem menschlichen Innern, sie wird im Michael-Zeitalter umgewandelt werden in imaginierende Kraft. Denn allmählich wird in das allgemeine intellektu-

elle Menschheitsbewusstsein die Kraft der Imagination einziehen.»[31]

So gibt es heute für jeden von uns die Möglichkeit, sich neu mit der Welt zu verbinden und die Wesen der Natur in ihrem inneren Aspekt zu erfassen durch die Kraft der Imagination. Durch sie können wir zum Sein, zur Geistwelt hinaufreichen. Was ist die geistige Welt auf dieser Stufe? Ich denke, es ist die «schaffende» Welt, die Welt der Wesen, die den sinnlichen Erscheinungen zugrunde liegen. Im letzten Jahrhundert und verstärkt seit dem Anfang des einundzwanzigsten Jahrhunderts berichten immer mehr Menschen von solchen elementarischen oder geistigen Erfahrungen. Manchmal werden sie sogar davon überwältigt und suchen eine Möglichkeit, zu verstehen, was sie «wahrnehmen». Ist es ein erstes Zeichen der Tatsache, dass die Kraft der Imagination in das intellektuelle Bewusstsein einzieht?

Imaginieren lernen

Um ein Wesen zu erfassen, das immer ein werdendes ist, müssen wir lebendige Bilder, die mit der Wirklichkeit zu tun haben, wahrnehmen lernen, das heißt imaginieren (Imago = Bild). Hier geht es nicht um Abbilder, die uns von der Welt trennen, sondern um lebendige Bilder. Dieser Weg der Imagination beginnt damit, noch ein Stück wacher als in unserem alltäglichen Gegenstandbewusstsein zu werden, denn wir sind – auch am Tag – nicht ganz wach. Der amerikanische Philosoph Henry David Thoreau schrieb: «*Wir müssen lernen, wieder aufzuwachen und uns wach zu halten nicht durch den Einsatz mechanischer Hilfsmittel, sondern durch*

---

31 Ebd.

eine beständige innere Erwartung der Morgendämmerung, die auch im tiefsten Schlaf erhalten bleibt.»[32] Wenn Goethe sagt: «*Vergesse nicht zu leben*», meint er, in jedem Augenblick voll wach und aufmerksam bei dem Erlebnis zu sein. Eine erste Bedingung dazu ist, «innezuhalten» und die Welt um sich in dem Augenblick phänomenologisch wahrzunehmen.

Was ist ein Wesen?

Die Bienen sind ein Musterbeispiel, das uns zu einem erweiterten Sehen oder «wesensgemäßen» Betrachten beinahe zwingt. Zuerst kann ich eine einzelne Biene betrachten. Als Insekt ist sie nicht besonders auffällig: mit ihrem dreigegliederten Körper in Kopf, Brust und Hinterleib ist sie relativ klein, einfach gestaltet, ohne spezielle Gestaltungen oder Farben – sie ist bräunlich und schlicht z. B. im Vergleich mit dem bunten, dem Licht hingegebenen Schmetterling oder dem ganz in sich eingekapselten Käfer.[33] Die Biene, als einzelnes Insekt betrachtet, ist relativ unscheinbar. Ich kann sie weiter studieren und genauer beschreiben in allen Einzelheiten: das Außenskelett aus Chitin, das dezentrale Nervensystem, die Antennen, die Facettenaugen usw. Dabei lerne ich viele spannende Tatsachen, aber das Wesen der Biene verschwindet immer mehr hinter lauter Details: Ich reduziere sie auf ihren sinnlichen (Gegenstands-)Aspekt. Ich töte sie in meiner Vorstellung. Nachdem ich sie so durch mein Studium in meiner Vorstellung aus ihrem lebendigen Zusammenhang

---

32 Zitiert nach Arthur Zajonc, *Aufbruch ins Unerwartete*, Stuttgart 2014, S. 9.

33 Vgl. dazu Andreas Suchantke, *Metamorphosen im Insektenreich*, Stuttgart 1994.

getrennt habe, muss ich sie wieder bewusst in diesen hineinbringen, um zum lebendigen Wesen zu kommen. Dazu muss ich aktiv ihre inneren und äußeren, zuerst unbewusst wahrgenommenen Beziehungen zu ihrer Umgebung erfassen und ihr Verhalten, ihr Leben studieren; dabei bemerke ich viele, sehr erstaunliche Tatsachen: Keine Biene kann allein leben; allein ist sie «dumm» und kaum verwandlungsfähig. Und darüber hinaus kann sich die Arbeitsbiene gar nicht fortpflanzen. Das heißt, eine einzige Biene ist ein vollständiges Abstraktum! Sobald sie im Volk ist, wird sie weise und plastisch: Sie kann im Laufe ihres Lebens verschiedene Aufgaben übernehmen. Zuerst in der Brutfürsorge, dann als Baubiene und zum Schluss als Trachtbiene. Im Notfall kann sie sogar spontan neue Dienste leisten.

Ist das Wesen nun die einzelne Biene oder vielmehr das Bienenvolk als höherer Organismus? Das Wesen scheint sich in den vielfältigen Beziehungen zwischen den einzelnen Bienen auszuleben. Das heißt, es ist unsichtbar und manifestiert sich in und zwischen tausenden Einzeltieren. Ein Wesen, das sich im Winter im Bienenstock verdichtet und im Sommer über mehrere Kilometer Durchmesser in die Landschaft ausbreitet.

Schon am Anfang des 20. Jahrhunderts hatte der deutsche Imker Ferdinand Gerstung (1860–1925) diese Beobachtungen gemacht und aus diesem Grund behauptet, das Wesen der Biene, der «Bien», komme nicht in der einzelnen Biene, sondern in dem ganzen Volk zum Ausdruck. Das Bienenvolk zeigt nämlich viele Aspekte eines Organismus: Differenzierung der Organe (durch Arbeitsteilung: Arbeitsbiene, Drohnen, Königin), eigene Wärme und sogar Fortpflanzung durch das Schwärmen. Dieser Bien ist eine echte Provokation, weil er als Wesen total unsichtbar ist. Er zwingt mich, imaginativ zu denken, das heißt zu versuchen, konkret alle Beziehungen zwischen den einzelnen Bienen, ihren wechselnden Umgebungen zu erleben, zu fühlen und zu denken. Keine leichte Aufgabe!

Aber auch bei mir selbst kann ich die gleiche Beobachtung machen: Befrage ich mich selber, was ich als Wesen bin, zu wem ich «Ich» sage, bemerke ich, dass ich nicht nur mein Körper bin, nicht nur meine Erinnerungen, auch nicht nur meine Gefühle oder meine Gedanken. Gibt es noch etwas darüber hinaus, wozu ich «Ich» sage? Was ist mein Ich, mein Wesenskern? Das Wesen, zu dem ich «Ich» sage, ist eigentlich gänzlich unsichtbar. «Ich» bin total unsichtbar. Aber trotzdem scheinen die anderen Menschen dieses Ich wahrnehmen zu können.

Beispiel Löwenzahn

In dem letzten Kapitel des Buches «Vom Menschenrätsel» gibt uns Rudolf Steiner eine weitere Anregung, um zum Imaginieren zu kommen: «*Man sucht zum Beispiel eine Pflanze so anzuschauen, dass man nicht nur ihre Form in Gedanken aufnimmt, sondern gewissermaßen mitfühlt das innere Leben, das sich in dem Stengel nach oben streckt, in den Blättern nach der Breite entfaltet, in der Blüte das Innere sich dem Äußeren öffnet usw.*»[34] Es ist ein konkreter Vorschlag, um einen Schritt in Richtung Imagination zu machen und uns den schaffenden Kräften zu nähern.

Versuchen wir es mit dem Löwenzahn. Man braucht

---

34 Vom Menschenrätsel, GA 20, S. 163.

zuerst eine besondere Seelenkraft, um die Übung zu machen. Das Staunen ist eine gute Voraussetzung: «Ah, diese Blüte ist ganz neu, die habe ich noch nie gesehen.» Der große deutsche Schriftsteller Hermann Hesse beschreibt es genau: «*Mit dem Erstaunen fängt es an, und mit dem Erstaunen hört es auch auf, und ist dennoch kein vergeblicher Weg … Jedes Mal, wenn ich mit dem Auge oder mit einem anderen Körpersinn ein Stück Natur erlebe, wenn ich von ihm angezogen und bezaubert bin und mich seinem Dasein und seiner Offenbarung für einen Augenblick öffne, dann habe ich in diesem selben Augenblick die ganze habsüchtige blinde Welt der menschlichen Notdurft vergessen, und statt zu denken oder zu befehlen, statt zu erwerben oder auszubeuten, zu bekämpfen oder zu organisieren, tue ich für diesen Augenblick nichts anderes als ‹erstaunen› wie Goethe, und mit diesem Erstaunen bin ich nicht nur Goethes und aller andern Dichter und Weiser Bruder geworden, nein ich bin auch der Bruder alles dessen, was ich bestaune und als lebendige Welt erlebe: des Falters, des Käfers, der Wolke, des Flusses und Gebirges, denn ich bin auf dem Weg des Erstaunens für einen Augenblick der Welt der Trennungen entlaufen und in die Welt der Einheit eingetreten, wo ein Ding und Geschöpf zum andern sagt: Tat twam asi (‹Das bist Du›).*»[35]

Egal was ich tue, ich kann immer staunen und die Welt mit «neuen Augen» (wachen Sinnen) wahrnehmen. Pflücke ich Löwenzahnblüten für die biodynamischen Präparate, bin ich in einer besonderen Atmosphäre: frisches, sattes Grün der Wiese, Bienen, Frühlingssonne. Beim Pflücken bin ich in einem besonderen Zusammenhang oder einer besonderen Stimmung und ich erlebe vieles. Dann muss ich die gepflück-

35 Hermann Hesse, *Kleine Freuden*, Frankfurt/M. 1977, S. 286.

ten Blüten nach Hause bringen und sie schnell trocknen, damit sie nicht in die Samen gehen. All die verschiedenen Aspekte dieser einfachen Handlungen haben zunächst keine Beziehung zueinander. Ich kann diese Erlebnisse aber innerlich zusammenbringen und mit der Übung von Steiner das innere Leben des Löwenzahns – nicht nur mit den Gedanken, auch mit dem Gefühl – nachzuvollziehen versuchen.

Wie sehen die Löwenzahnblätter genau aus? Eigentlich genau wie Löwenzähne: nach innen gekehrt, was sehr selten bei den Pflanzen ist. Deswegen werden sie oft genau umgekehrt gezeichnet. Beobachte ich die Pflanze regelmäßig, erinnere ich mich, wie die Pflanze im Februar die weichen, plastischen Blätter ganz flach auf dem Boden liegen hatte. Ihre Wurzeln reichen tief in den Boden hinein. Die ganze Pflanze ist voller Milchsaft, der einen bitteren Geschmack hat. Und die Blütenknospe liegt schon bereit auf dem Boden. Irgendwann im März bilden die Blätter eine Art Schale. Und dann, oh Wunder, steigt der weiche Blütenstiel innerhalb einer Woche mit einer ungeheuren Dynamik und die sonnengelb leuchtende Blüte öffnet sich genau in der Mitte dieser Blätterschale. Ich kann mich für diese seltsame Pflanze, die sich mit der Sonne öffnet, dann wieder schließt und jeden Tag weiter öffnet, begeistern. Welch enge Beziehung zum Sonnenlicht! Die Blüte schließt sich sogar, sobald die Sonne hinter den Wolken verschwindet. Wenn sie dann voll geöffnet ist, schließt sie sich wieder und die Blütenstiele senken sich auf den Boden, während sich die «Pusteblumen» ausbilden. Dann, wieder an einem sonnigen Tag, richten sich die Stiele nach oben und die «Pusteblume» öffnet sich. Ein leichter Wind reicht, um die Samen weit zu verteilen …

Eine regelmäßige Beobachtung der verschiedenen Stadien hilft mir, in die Bildebewegung zu kommen. Schreibe ich nicht nur die Einzelheiten als Definition auf, sondern erinnere diese genau und versuche innerlich, sie zu verbinden, also den Zusammenhang, aus dem ich die Details durch meine Vorstellungskraft herausgeholt (und abstrahiert) habe, wieder herzustellen, kann ich in mir eine bestimmte Dynamik spüren: die Dynamik des Löwenzahns. Und gehe ich einen weiteren Schritt, kann ich merken, wie sich eine bestimmte Geste kundgibt. Beim Löwenzahn spüre ich eine große Polarität/Spannung zwischen der tiefen Verankerung in der Erde durch Pfahlwurzel und einer sehr aktiven Beziehung zum Licht. Die Löwenzahnblüten sind wie Augen, die sich mit dem Sonnenlicht öffnen und schließen. Dann kann ich mich fragen, welches Wesen sich da ausdrückt. Das Wesen Löwenzahn ist genauso unsichtbar wie jedes andere auch, aber es entsteht in mir als eine Kraft, die ich Löwenzahn nennen kann. Und aus dieser Kraft könnte ich neue Löwenzähne erfinden. Die äußere sinnliche Pflanze ist draußen, aber das Wesen der Pflanze, das Unsichtbare, drückt sich in mir aus. Es kann sich auf dem «Schauplatz meines Bewusstseins» aussprechen; es ist etwas, was in der geistigen Welt existiert und in mir durch mein Denken wahrnehmbar wird. Das heißt, die geistige Welt erreiche ich in mir und nicht irgendwo draußen. Ich muss voll an-wesend sein, um es in mir zu empfangen.

Eine besondere Qualität einer solchen imaginativen Erfahrung ist, dass ich dieses Wesen nicht als Vorstellung erinnern kann. Steiner spricht von einem *«erstehenden und vergehenden Bilde»*. Es ist eine innere Kraft, die ich, weil ich mich damit beschäftigt habe, in mir habe. Vertiefe ich dies, kann die Erfahrung immer dichter und dichter werden. Dies ist ein Aspekt der Imagination, ein erster Schritt zu den Wesen der geistigen Welt, wobei alle Wesen der geistigen Welt angehören. Bei solchen Erfahrungen kann man auch bemerken, wie man aus dem intellektualistischen Kopfdenken zu einer neuen Qualität des Denkens kommt, die Steiner so ausdrückt: «*Er* [Michael] *befreit die Gedanken aus dem Bereich des Kopfes; er macht ihnen den Weg zum Herzen frei … Die Herzen beginnen, Gedanken zu haben; …*»[36] Man hat eine Beziehung zwischen Kopf und Herz, Gedanken und Gefühl entwickelt.

Solche lebendigen Bilder zu bilden, war Goethe ein wichtiges Anliegen. Goethe wollte nicht bei der Gestalt der Pflanze stehen bleiben, sondern ein Verständnis ihrer Bildung und Umbildung erreichen. Er beschreibt, wie man an das Wesen des Pflanzenreichs herankommen kann; er nennt es die Urpflanze und charakterisiert sie in Neapel, am 17. Mai 1787, folgendermaßen: «*Die Urpflanze wird das wunderlichste Geschöpf der Welt, um welches mich die Natur selbst beneiden soll. Mit diesem Modell und dem Schlüssel dazu, kann man alsdann noch Pflanzen ins Unendliche erfinden, die konsequent sein müssen, das heißt: die, wenn sie auch nicht existieren, doch existieren könnten …*»[37] Die Urpflanze ist mehr als ein intellektuelles Schema oder ein Prinzip (Vorstellungen); sie ist die Begegnung mit einem geistigen Wesen, das sich in mir ausdrückt.

Rudolf Steiner beschreibt, dass das, was der Mensch durch das bewusste Imaginieren erlebt, als Ergebnis des Mys-

---

36 Anthroposophische Leitsätze, a. a. O., «Im Anbruch des Michael-Zeitalters», S. 62.

37 J. W. von Goethe, *Italienische Reise*, Kapitel 63.

teriums von Golgatha zugleich Weltinhalt wird. Es ist damit die Tatsache angesprochen, dass die Christuskraft sich mit der Erde verbunden hat. Die Christuskraft war früher in der Sonne und hat von außen gewirkt. Und heute wirkt sie als eine innere Kraft in jedem von uns. Jeder von uns trägt eine Art innere Sonne in sich.

Die Imagination kann uns zu den zeugenden Kräften und den Wesen der Welt führen. Hier helfen uns die beiden geistigen Wesen Michael und Christus. Die innere Kraft von Michael als Verwalter der kosmischen Intelligenz kann mir helfen, jedes Naturwesen als Bild eines geistigen – unsichtbaren – Wesens zu betrachten. So wird das Wesen wieder in seinem geistigen Zusammenhang gesehen. Und die Christuskraft schenkt mir die Liebesqualität, die mir hilft, neue Beziehungen zur Welt zu schaffen und Wesen in ihrer Entwicklung zu begleiten. So kann ich heute, nach dieser Trennung von der Welt, versuchen, durch meine Beobachtung den Zusammenhang neu zu schaffen und mich dadurch zu verbinden.

Wie kann man den neuen Impuls der Christuskraft als Kraft der Liebe tiefer verstehen? Steiner bemerkt: «… *wer psychologisch gründlich den Zusammenhang studiert zwischen Erkenntnis und Liebe, der merkt, dass notwendig ist dieses Abgetrennt-Sein, das sich in uns klarlegt durch die Grenzen der Naturerkenntnis, von den uns intellektualistisch undurchsichtig gewordenen Dingen, damit wir in unserer ganzen menschlichen Organisation die Kraft der Liebe entwickeln können.*»[38]

---

38 Die großen Fragen der Zeit und die anthroposophische Geist-Erkenntnis, GA 336, Vortrag «Anthroposophie, ihr Wesen und ihre philosophischen Grundlagen» vom 8.7.1920.

Hier wird ein sehr spannender Zusammenhang zwischen der Trennung des Menschen von der Welt im Bewusstsein und der Entwicklung der Liebe aufgezeigt: Um mich aktiv, aus dem Inneren, mit einem Wesen zu verbinden, muss ich zuerst ganz getrennt von ihm sein. Solange der Mensch noch mit der Welt verbunden war, gab es keine wirkliche Liebe in diesem Sinne. Aber wenn ich mich selber frei, ohne Zwang verbinden kann, entsteht die Liebe. Und die Liebe bringt ganz neue Qualitäten in die Welt. Der Künstler Van Gogh, der seine entscheidenden Bilder am Anfang des Michael-Zeitalters gemalt hat, schreibt seinem Bruder Theo: «*Ist es nicht möglich, dass wir etwas besser verstehen, wenn wir es lieben?*» Heute sagt man, umgekehrt, die Liebe mache blind. Steiner widerspricht dem: Liebe mache aufmerksam auf die positiven Aspekte, die die Anderen nicht sehen. Und wo bleibt da die Freiheit? Liebend bin ich nicht mehr frei, emanzipiert, aber, als neuen Schritt, kann ich mich frei entscheiden, mich mit diesem Wesen zu verbinden und es in seiner Entwicklung zu begleiten. Ich bin zwar nicht mehr frei «von etwas», dafür aber «frei für etwas». In dem Buch von Antoine de Saint-Exupéry «Der kleine Prinz» entdeckt der kleine Prinz, dass er sich mit seiner Rose verbunden hat und dass er deswegen verantwortlich für sie geworden ist. Diese neue, frei entwickelte Beziehung gründet nicht auf egoistischem Interesse und Nützlichkeitssinn, sondern auf wirklichem Interesse für das andere Wesen, die zur Liebe werden kann.

Wesensgemäß handeln

Innere Sicherheit für freie Handlungsentscheidungen

Hier stellt sich die weitere Frage: Wie kann man aus einer «wesensgemäßen» Erkenntnis zur Handlung kommen? Ich versuche beispielsweise meine Bienen immer besser zu verstehen, mich mit ihnen zu verbinden, aber wie entscheide ich, wann ich eingreifen soll? Wenn man sich ihrem Wesen durch die Imagination versucht hat zu nähern, kommt man leicht in die Versuchung, direkt aus der Erkenntnis handeln zu wollen. Man glaubt etwas als Wahrheit erkannt zu haben und will es sofort anwenden: eine große Gefahr. Denn es gibt nach dem «kognitiven Abgrund» einen zweiten Abgrund: den zwischen Wesenserkenntnis und Handlung. Wie kann ich eine innere Sicherheit, einen Boden für meine Handlung in mir finden, um souverän, frei von Meinungen und fertigen Vorstellungen zu handeln? Wie kann ich mein eigener Experte werden? Wie komme ich daraus dann zur Handlungsentscheidung? Wie passen wesensgemäßes Handeln und Freiheit zusammen? Man kommt hier in das Gebiet des sittlichen Handelns oder der Intuition, das Steiner in seiner «Philosophie der Freiheit» beschreibt. Wenn man genau beobachtet, kann man bemerken, dass wir oft aus spontanen Impulsen, aus Trieben (Lust), aus Gewohnheit oder um anderen Menschen zu ge- oder missfallen handeln. Selten handeln wir frei, das heißt aus unserem «höheren Ich» heraus. Wir haben jedoch die Möglichkeit, für unser Handeln aus unserem Ich heraus etwas Neues, Kreatives aus der Zukunft, dem A-venir, zu schaffen. Wie kann man diesen Weg finden?

Wieder hilft uns Goethe, der versuchte, so zu arbeiten,

dass er das ethische Bewusstsein, das Sittliche in jeder Herangehensweise suchte. Für Goethe mussten alle Kriterien zur Beurteilung einer Sache aus dem Zusammenhang kommen. Das Ich wird auf eine neue Art frei: ich bin frei aus der tief gewollten Kenntnis dieses Wesens, mich mit ihm zu verbinden. Die Kriterien kommen nicht aus meinen alten Erinnerungsvorstellungen, sondern stammen aus meiner immer tieferen Begegnungsfähigkeit.

Von Zeit zu Zeit handelt jeder aus «Intuitionen», ohne zu wissen, woher diese stammen. Zumeist nehmen wir diese nicht ernst, weil wir uns die Sache nicht klar und logisch erklären können. Oft wären aber intuitive Entscheidungen die besten! Wenn ich aus der Situation heraus intellektuell, logisch handle, wäre ich zu einer anderen Entscheidung gelangt. Vom Erfassen der Tatsache, von der Erkenntnis bis zur Entscheidung und zum Handeln gibt es keine lineare Entwicklung. Dazwischen liegt ein blinder Fleck, der mir die Freiheit zu handeln gibt, aber zunächst unbewusst bleibt. Kann ich da Bewusstsein hineinbringen und somit meine innere Gewissheit stärken?

Um zu einer Klarheit kommen zu können, müssen zwei Ebenen der Intuition unterschieden werden:

Erstens: die unbewusste, alltägliche Intuition, die jeder haben kann.

Zweitens: die bewusste Fähigkeit, die nach Rudolf Steiner die dritte Stufe der höheren Erkenntnis nach Imagination und Inspiration ist. Man erreicht sie durch langes Üben, aber man kann – wie bei der Imagination – Schritte darauf zu machen.

Solche Handlungsideen aus der höchsten bewussten

Intuition hat uns Steiner zum Beispiel mit den biodynamischen Präparaten gegeben. Aber auch diese Präparateangaben sind nicht normierte Handlungsweisen, keine fertigen Rezepte. Zum Glück! Sie lassen dem einzelnen Landwirt die Freiheit. Jeder hat die Möglichkeit, sich damit persönlich zu verbinden und zu Intuitionen zu gelangen, um die Herstellung sowie die Anwendung der Präparate auf dem Hof immer besser verstehen und entwickeln zu können. Wie können solche Präparatepflanzen noch angewendet werden, außer als Kompostpräparate? Solches wird besonders von Gärtnern oder Winzern gefragt, um den immer schwierigeren klimatischen Einflüssen zu begegnen. Dort, wo sich ein spezielles Problem mit Kulturpflanzen zeigt, kann der Versuch, intuitiv zu arbeiten, ausprobiert werden. Statt den besten Kräutertee zu kombinieren, verdichte ich innerlich die Tatsachenlage, das Problem und nehme am Abend die daraus entstehende Frage mit in den Schlaf, d.h. die geistige Welt. Gleichzeitig habe ich durch Beobachtungen der Präparate- und anderer Heilpflanzen in mir lebendige Bilder geschaffen. Dann kann es durchaus geschehen, dass ich am nächsten Morgen mit einer Antwort aufwache, sodass ich die Gewissheit erhalte, in diesem speziellen Fall mit dieser oder jener Pflanze das Problem angehen zu können. Ich kann daraus eine Methode entwickeln, wobei die Gefahr der Standardisierung, des Verlustes der Neuschöpfung und des inneren Bezugs in jedem einzelnen Fall besteht. Oder ich kann versuchen, im lebendigen Fluss zu bleiben und für jede Frage die richtige Lösung zu finden, statt vorgefertigte Rezepte anzuwenden. So kann ich Neues in die Welt bringen.

Neues Schaffen

Der Frage: wie kommt eigentlich Neues in die Welt? wird von Steiner in dem Vortrag «Evolution, Involution und Schöpfung aus dem Nichts»[39] nachgegangen. Er beschreibt dort, wie der Mensch drei Möglichkeiten hat, über sich hinausschreitend Neues der Weltentwicklung hinzuzufügen.

1) Durch das logische Denken. Das bedeutet, dass mit dem Beginn der Betrachtung eines Wesens oder Phänomens das wahre, logische Denken dazugehört: «*Indem der Mensch sich hingibt dieser wahren Logik, schafft das Ich über sich hinaus.*»

2) Das Ich «schafft über sich hinaus», wenn es Wohlgefallen an dem Schönen, Erhabenen, Humoristischen usw. entwickelt, wenn wirklich empfunden wird und dabei neue Gefühle und der Schönheitssinn entwickelt werden. Man stelle sich vor, es gäbe etwas Schönes und keiner freute sich darüber. Wie ist das für das Schöne? Eine seelische Enttäuschung wird fühlbar.

3) Eine Schöpfung aus dem Nichts entsteht, wenn man sich unter den Einflüssen von Verhältnissen, von dem Verhältnis zu einer Sache zum Handeln gedrängt fühlt. Dazu muss man Herzensgüte, Mitempfinden entwickeln. «*Der eine wird Herzensgüte entwickeln, der andere wird nicht mitempfinden. Das ist etwas Neues, was zur Entwicklung kommt …*» «*In unserem moralischen Urteil liegt das Dritte, wodurch der Mensch über sich hinausschreitet, wodurch das Ich sich*

39 Geisteswissenschaftliche Menschenkunde, GA 107, Vortrag vom 17.6.1909. Alle weiteren Zitate dieses Textes stammen aus diesem Vortrag.

immer mehr erhöht …» Das heißt, dass ich ohne Regeln oder Gewohnheiten aus der Beziehung zu einer Sache versuche, frei schöpferisch zu handeln. Das heißt noch lange nicht, dass ich nicht etwas falsch machen kann. Auch wenn ich etwas gut kenne, weiß ich immer noch nicht, was die Folgen meiner Tat sein werden. Ich kann innerlich das Wesen fragen, aber ich treffe für meine Handlung die Wahl. So stellt sich nicht die Frage nach richtig oder falsch, sondern vielmehr: habe ich meine ganze Liebe in die Handlung gelegt? Weil wir frei sind, wissen wir nicht im Voraus, was unser Handeln bewirkt. Wäre alles vorausbestimmt, wären wir nicht frei. Wir können nur dank unserer Freiheit volle Verantwortung für ein anderes Wesen übernehmen.

Steiner beschreibt weiter, dass, damit der Mensch Neues schaffen kann, erst diese Freiheit erlangt werden musste. «Denn wenn der Mensch sich sagen müsste, er könnte nichts anders als das schaffen, was als Ursache in ihm angelegt ist, nur das könnte er als Wirkungen ausleben, so könnte das nicht seine Kräfte stählen und seine Hoffnung entzünden in demselben Maße, als wenn er sich sagen kann: Ich kann Lebenswerte schaffen und zu dem, was mir als Grundlage gegeben ist, immer Neues hinzufügen; das Alte wird mich durchaus nicht hindern, neue Blüten und Früchte zu schaffen, welche in die Zukunft hinübergehen …»

Der Freiheit ist es zuzuschreiben, dass jede dieser drei Schöpfungsarten zwei Seiten hat. Dem logischen Denken gegenüber besteht die Möglichkeit des Irrtums. Der Schönheit gegenüber hat der Mensch die Möglichkeit, Hässliches und Schmutziges der Weltentwicklung hinzuzufügen, und beim Handeln besteht die Möglichkeit, aus meinem Verhältnis zur Sache Böses in die Welt zu bringen.

Hierzu gibt es noch einen wichtigen Punkt. Um wirklich aus dem Verhältnis zur Sache zu handeln, muss ich die Möglichkeit haben, ihren Kontext möglichst vollständig zu kennen. Dies ist ein sehr aktueller Aspekt, der die Notwendigkeit des Geschlossenseins des biodynamischen, landwirtschaftlichen Organismus auf besondere Weise beleuchtet. Nur durch diese Geschlossenheit wird es überhaupt möglich, alles (oder beinahe alles), womit ich zu tun habe und womit ich auf dem Hof handle (Boden, Pflanzen, Tiere, Dünger, Futter usw.) zu kennen. Dann kann ich wirklich aus dem Verhältnis zur Sache handeln. Und umgekehrt: Wie soll jemand, der Massentierhaltung betreibt, verantwortlich handeln? Er kann ja kein Verhältnis zur Sache (d.h. zu seinen Tieren) entwickeln; er hat nicht die leiseste Ahnung, wo die Tiere geboren sind, wie sie gezüchtet worden sind, was das Futter, das er seinen Tieren gibt, enthält, und er kann es auch beim besten Willen nicht wirklich durchschauen.

So kann ein Ziel sein, ganzheitliche Zusammenhänge für einen wesensgemäßen Umgang mit der Natur in der Landwirtschaft zu schaffen. Ein Bestreben, das die notwendige Vorbedingung für ein verantwortungsvolles Handeln ist. Eine riesige aktuelle Herausforderung!

Jean-Michel Florin

90 Jahre Landwirtschaftlicher Kurs Koberwitz

«Das aufkeimende Leben der Zukunft …»

Die Jugendansprachen von Rudolf Steiner in Breslau und Koberwitz

An Pfingsten vor 90 Jahren hielt Rudolf Steiner in Breslau und Koberwitz Ansprachen für junge Menschen. Diese kurze Betrachtung ist anhand eines Beitrages zur 90-Jahr-Feier des Landwirtschaftlichen Kurses entstanden und möchte einige Aspekte der von Rudolf Steiner überlieferten Worte an die Jugend anschauen. Dabei soll auch der Zusammenhang mit den damals von Rudolf Steiner vollzogenen Gründungen, die den Jugendansprachen vorangegangen und gefolgt sind, berührt werden.

Was sagen uns diese Ansprachen heute, bald ein Jahrhundert später? Worin besteht die Aktualität, die aus ihnen spricht? Der Kontext, in dem sie gehalten wurden, ist heute Geschichte. 1924 – ein Jahr der Zwischenkriegszeit, viele junge Menschen hatten engste Freunde im Krieg verloren und sahen damals in ihren Berufen keinen Sinn. Der Hör-Raum, in den Rudolf Steiner hinein sprach, ist vielleicht durch Worte von Bertrand Russell aus dem Jahr 1918 nachzuempfinden: es kann «nur auf der festen Grundlage einer unnachgiebigen Verzweiflung fortan die menschliche Seele sich ihre Heimstätte mit Gewissheit bauen».[40]

---

40 Bertrand Russell, *A Free Man's Worship*, apud Hannah Arendt, *Vita activa*. München 1967, S. 332.

Die damaligen Zeitereignisse sind heute Vergangenheit. Und doch sind Steiners Reden so, dass wir sie heute erneut hören können, aus der unmittelbaren Gegenwart. Sie sagen etwas aus, das uns betrifft. Die Extension der Zukünftigkeit, die Rudolf Steiner hier anspricht, einerseits, die Spannweite, die sich aus den Bildern ergibt, anderseits – kann so erlebt werden, dass diese Worte uns in vielen Aspekten unserer herausfordernden Gegenwart betreffen, auch im Hinblick auf ihre Komplexität und Unüberschaubarkeit, aus der jeder, und insbesondere der junge Mensch, heute Wege zum Handeln finden möchte.

Im Rahmen des «Landwirtschaftlichen Kurses» hielt Rudolf Steiner drei Ansprachen an die Jugend. Die zweite ist die einzige, die nicht mitstenographiert wurde; die anderen zwei – vom 9. Juni 1924 in Breslau und vom 17. Juni in Koberwitz – sind überliefert. Diese Ansprachen – man erhält den Eindruck einer frei gehaltenen Rede, die aber sehr direkt und dicht ist – können für sich selber genommen werden. Es ist aber auch möglich, sie in dem Zusammenhang zu sehen, in dem sie stehen. Dieser kann als Hinweis dienen zum Nachvollzug dessen, was als Bilder und Imaginationen in ihnen angesprochen wird.

Die Ansprachen zwischen zwei Gründungen

Die Ansprachen sind von zwei Gründungen Rudolf Steiners eingerahmt: zum einen vom landwirtschaftlichen Impuls und zum anderen vom Impuls der Heilpädagogik, der dem Lauteurythmie-Kurs zeitlich folgt.

Im «Landwirtschaftlichen Kurs» ist der Blick auf die Erde gerichtet, die Erde, die als Trägerin der menschlichen Entwicklung tief mit den Menschen verbunden ist. Rudolf Steiner schildert in Dornach am 20. Juni, in einem Bericht, den er von seiner Reise nach Breslau und Koberwitz macht: «*Es handelt sich dabei durchaus um eine Frage, die im allereminentesten Sinn eine, ich möchte sagen, kosmisch-irdische Frage ist. Gerade bei der Landwirtschaft zeigt es sich, dass aus dem Geiste heraus Kräfte geholt werden müssen, die heute ganz unbekannt sind, und die nicht etwa die Bedeutung haben, dass etwa die Landwirtschaft ein bisschen verbessert wird, sondern die die Bedeutung haben, dass überhaupt das Leben der Menschen – der Mensch muss ja von dem leben, was die Erde trägt – eben weitergehen könne auf der Erde auch im physischen Sinne.*»[41]

Es geht um die Frage nach der Ermöglichung des Lebens auf der Erde, um den Blick in die Tiefe der Erde aus der Perspektive des Kosmischen, der Verbundenheit der Erde mit dem gesamten Kosmos und dann – aus diesem Bild heraus – um die Handhabung der konkreten landwirtschaftlichen Verhältnisse, die Frage der Düngung, die Spezifizität, in der sich das Handeln abspielt.

Nach der Jugendansprache in Koberwitz fährt Rudolf Steiner nach Jena, wo er das von jungen Menschen neubegründete heilpädagogische Heim «Lauenstein» besucht.[42] Am 25. Juni, nach dem Kurs für Lauteurythmie, beginnt der Kurs für die Heilpädagogen, in einem engen Kreis von Menschen in Dornach. Dort erzählt Rudolf Steiner einleitend

---

41 Rudolf Steiner, Geisteswissenschaftliche Grundlagen zum Gedeihen der Landwirtschaft, a. a. O., S. 12.

42 Vgl. V. Frielingsdorf, R. Grimm, B. Kaldenberg, *Geschichte der anthroposophischen Heilpädagogik und Sozialtherapie.* Dornach, Oberhausen 2013.

vom Landwirtschaftlichen Kurs und spricht von der Notwendigkeit des inneren Mutes, wenn es darauf ankommt, Impulse aus der geistigen Welt zu holen. «Es kommt auf die Gemütsvorbereitung an» bei dieser Aufgabe. Es muss stets ein «neuer Entscheid durch den inneren Mut des Lebens herbeigeführt werden».[43]

Im zehnten Vortrag des «Heilpädagogischen Kurses» spricht er die anwesenden jungen Menschen direkt an und warnt vor der Eitelkeit in der Jugendbewegung.[44] Es könne eintreten

«... das allgemeine Reden von Missionen, von großen Aufgaben, und die geringe Neigung, auf die speziellen kleinen Dinge, die man dazu braucht, einzugehen.

Man wird gerade in der Zukunft brauchen ... die Andacht zum Kleinen. Das ist gerade etwas, was sich gerade die Jugend aneignen müsste. Sie schwelgt zu sehr in Abstraktionen. Das ist aber das, was mit Wucht hinaufreißt in die Eitelkeit.»[45]

Im gleichen Vortrag beschreibt Rudolf Steiner die sogenannte Punkt-Umkreis-Meditation. Es ist eine Meditation, in der ich mir am Abend sage: «In mir ist Gott», und am Morgen, kurz nach dem Erwachen: «Ich bin in Gott.» Steiner weist in

---

43 Rudolf Steiner, Heilpädagogischer Kurs, GA 317, 2. Vortrag, 26. Juni 1924.

44 Aus den unterschiedlichen Veranlagungen, Vorstellungen und Erwartungen der jungen Menschen entstanden auch einige Spannungen und Schwierigkeiten in der Jugendbewegung, die von Rudolf Steiner durchaus erkannt und auch angesprochen wurden. Dazu cf. Christiane Haid, *Auf der Suche nach dem neuen Menschen,* Dornach 2011.

45 Rudolf Steiner, Heilpädagogischer Kurs, GA 317, 10. Vortrag, 5. Juli 1924, S. 153.

diesem Zusammenhang darauf hin, dass die Gesinnung beim Meditieren nicht von der Stimmung getragen sein soll, dass man sich in ein «warmes Nest» lege, sondern «*es muss die Stimmung vorliegen, dass man in die Wirklichkeit untertaucht, dass man die Wirklichkeit ergreift. Andacht zum Kleinen. Ja, zum Kleinsten. Es darf nicht das Interesse für dieses Kleine ausgetrieben werden … Es muss so sein, dass Sie das Ohrläppchen, der abgeschnittene Fingernagel, ein Stück des menschlichen Haares ebenso interessiert wie Saturn, Sonne, Mond … Andacht im Kleinen in der allerbescheidensten Form entwickeln, und davon ausgehend, dann auch wiederum diese Andacht zum Kleinen in der übrigen Jugendbewegung entdecken.*»[46]

Und dann spricht Rudolf Steiner vom Enthusiasmus beim Erleben der Wahrheit. Ein Enthusiasmus, eine Begeisterung beim Erleben der Wahrheit, die einen – wie Nietzsches Zarathustra – zum Tanzen bringen soll!

«*Leben Sie mit innerster Freude an der Wahrheit! Es gibt ja nichts Entzückenderes als das Erleben der Wahrheit. Das ist etwas, was eine viel wichtigere und wesentlichere Esoterik ist als das, was mit den langen Gesichtern herumläuft. Dieses innere Erleben der Wahrheit, das ist das, was lange vorangehen muss allem übrigen Sich-Einreden von einer Mission.*»[47]

Aus dem Zusammenhang dieser zwei Gründungen – des «Landwirtschaftlichen Kurses» und des «Heilpädagogischen Kurses» – eröffnet sich eine immense Perspektive: Einerseits das tiefe Eindringen in die Erde, das Verständnis der Erde im Zusammenhang mit dem Kosmos. Andererseits die Andacht zum Kleinsten, zur Wirklichkeit in ihrer Singularität, und die

46 Ebd., S. 155, 156.
47 Ebd., S. 157.

Freude an der Wahrheit, an dem Allumfassenden, das sich in der einzelnen Erscheinung kundgibt.

Diese Spannweite – der Kosmos und das Kleinste – ist beinhaltet in der Punkt-Umkreis-Meditation. Und mitten in dieser geöffneten Weite stehen die Ansprachen an die Jugend, in denen Rudolf Steiner eine Zukunft anspricht, die heute – 90 Jahre später – noch am Werden ist.

Einige Elemente aus den Jugendansprachen

In der ersten Ansprache (Breslau, 9. Juni 1924) hören die jungen Menschen von der Dimension des Vorgeburtlichen und daran anknüpfend von der Michaelgemeinschaft, die eine neue Seelenverfassung bringen will; vom Recht der Jugend, im Unbestimmten zu verharren, und dem Wichtigsten: nicht auseinanderzugehen, sondern zusammenzukommen. Rudolf Steiner spricht den Wunsch aus, dass alle Versammelten,

«… was sie auch fühlen, denken und empfinden mögen, mit eisernem Willen zusammenhalten, richtig zusammenhalten … Das wird vielleicht später die schönste Errungenschaft sein, dass man in der Jugend, trotz der Differenz der Empfindungen, zusammenzuhalten wusste.»[48]

Dann spricht er von der Notwendigkeit, zwischen dem zwanzigsten und dreißigsten Lebensjahr vom Geist in der Seele berührt zu werden, um nicht in seelisches Elend hineinzukommen. Und von der Kraft, die entstehen muss, um die Berufe zu erneuern:

---

48 Rudolf Steiner, Drei Ansprachen an die Jugend. Dornach 2006, S. 27.

«Damit diese Kraft entsteht, braucht es etwas, was ich als die Michaelskraft charakterisiert habe. Die muss sich aber in grandiosen Michaels-Festlichkeiten ausleben. Wir müssten es wirklich dahin bringen, dass das aufkeimende Leben der Zukunft, das von uns noch ganz embryonal gefühlt werden kann, in Festen der Hoffnung, in Festen der Erwartung seinen Ausdruck findet. In solchen Festen, bei denen man nur durch Hoffnung und Erwartung zusammengehalten wird, nicht durch scharf konturierte Ideale, müsste man das Bild des Michael vor Augen haben … Nicht bloß ein vages Erbauen an der Michael-Idee soll da sein, sondern das Bewusstsein, dass eine neue Seelenwelt unter den Menschen begründet werden muss. Es ist tatsächlich das Michaels-Prinzip das führende. Es gehört gemeinschaftliches Erleben dazu, um auf eine Michaels-Festeszeit hinzuarbeiten, in der dann der Geist der Hoffnung, der Geist der Erwartung leben kann. Und das ist dann etwas, was walten wird und neben dem Beruf, in den man zunächst mit einer gewissen Resignation hineingegangen ist, eine große Befriedigung gewähren kann. Es soll Sie das nicht verstimmen, sondern anregen.»[49]

Eine geistige Gemeinschaft, soll das Ziel emsiger, nicht voreiliger Arbeit sein, eine Gemeinschaft, die das Sektenhafte vermeidet, die sich begegnet aus Freude am Zusammenkommen – das Programmatische soll vermieden werden: «es kommt immer auf das Leben an».[50]

In Koberwitz (am 17. Juni 1924) hören die Menschen von der Sehnsucht nach dem Erinnern und Sich-Verbinden mit dem Götterquell alles Erd- und Sternhaften.

---

49 Ebd., S. 34, 35.

50 Ebd., S. 44.

«Wir müssen im Herzen verstehen lernen, was den noch immer nur gedachten Geist, der der Natur fremd bleibt, zu dem erarbeiteten Geist macht, der nun wiederum die Wege hinaus findet in die natürliche Tatsachenwelt. Deshalb habe ich in diesem Kursus versucht, aus dem tatsächlichen Erleben heraus die Worte zu finden. Es kann heute der Geist nicht anders gefunden werden, als wenn man auch wiederum die Möglichkeit findet, in naturgegebene Worte ihn zu kleiden; damit werden auch die Empfindungen wieder stark werden. Sehen Sie, denken Sie sich, Sie verwandeln dasjenige, was man heute schon wissen kann – denn die Michael-Zeit ist da –, was scheinbar auch nur in Ideen lebt, in wirkliche Andacht, dann sind Sie auf dem allerbesten Wege. Sie sind auf dem allerbesten Wege, wenn Sie die Dinge in Andacht verwandeln. Ja, was kann dann aus den Dingen alles werden! Meditieren heißt ja, dasjenige, was man weiß, in Andacht verwandeln, gerade die einzelnen, konkreten Dinge.»[51]

Am Ende der Ansprache steht ein gewaltiges Bild, ein Bild, welches vom «Geist der Abstraktion» nicht berührt werden kann: das Schmieden des Michael-Schwertes. Dieses Schwert soll nicht nur geschmiedet werden, es soll auch auf einem unterirdischen Altar dargebracht werden:

«Naturgewalten unter der Erde kennenzulernen führt dazu, zu verstehen, dass das Michael-Schwert im Schmieden auf einen Altar gebracht werden muss, der unter der Erde ist. Da muss es von empfänglichen Seelen gefunden werden. Es kommt darauf an, dass Sie mittun, dass von immer mehr Seelen das Michael-Schwert gefunden werde. Und nicht alleine damit ist es getan, dass es geschmiedet wird, sondern es ist erst damit

---

51 Rudolf Steiner, Drei Ansprachen an die Jugend. Dornach 2006, S. 59.

etwas getan, dass es gefunden wird! Haben Sie das starke und zugleich bescheidene Selbstvertrauen, dass als junge Menschen, dass Sie ja karmisch dazu berufen sind, das Michael-Schwert zu suchen und zu finden und es auf den Altar zu tragen.»[52]

«Eine Gemeinschaft bilden, die nach euren Herzen ist» – so schließt Rudolf Steiner diese Ansprache.

Zu diesen zwei Ansprachen an die Jugend kommt noch eine dritte – die letzte –, gehalten am 20. Juli 1924 in Arnheim.

Sie steht nicht mehr im unmittelbaren Rahmen der Begründung der Landwirtschaft, enthält aber Elemente, die in Verbindung mit den beiden anderen Ansprachen angeschaut werden können. Rudolf Steiner spricht von etwas Neuem, das in die Welt kommt: Die Jugend am Anfang des 20. Jahrhunderts fühlt, dass etwas «erdbebenartig an der Entwicklung der Menschheit» rüttelt; sie soll den Mut haben, sich zu sagen: «Das Leben der Welt muss in seinen Fundamenten neu gegründet werden!»

Das ist das Erlebnis der Natalität – ein jeder gründet die Welt in ihren Fundamenten neu dadurch, dass er zur Welt kommt. Wie kann dieses aber durch das Tätigsein in der Welt und nicht nur durch das naturgegebene Geborensein realisiert werden? Rudolf Steiner spricht nun an, dass die Welt durch die Jugend aus ganz neuen Herzen, mit denen die Jugendbewegung zur Flamme werden wird, anders gefühlt werden kann – Begeisterung soll entstehen: «… dass wir die Begeisterung aus dem vollen, unmittelbaren Leben heraus zu entwickeln uns gedrängt fühlen.»[53]

---

52 Ebd., S. 67.

53 Ebd., S. 85.

«Aber, um durchflammt zu leben und zu arbeiten, dazu ist notwendig, dass man selber Flamme wird. Nur die Flamme wird von der Flamme nicht verzehrt. Wenn wir so fühlen können, dass wir Flammen werden, die von den Flammen nicht verbrannt werden, dann können wir ruhig die physischen Herzen als leere Beutel zurücklassen, denn wir haben das ätherische Herz, das verstehen wird, dass die Menschheit in ein neues Zeitalter hineinrückt: in das Leben der Geistigkeit. Das Zusammenwachsen mit der Geistigkeit wird das volle Jugenderlebnis sein.»[54]

Zusammenklang der Jugendansprachen

Was kann in den Worten gehört werden, die Rudolf Steiner in diesen kurzen Zeitabständen an die jungen Menschen richtet? Selbstverständlich geht es nicht darum, diese mitstenographierten Worte deuten zu wollen, sondern nur um einen Versuch, sie im Zusammenklang wahrzunehmen.

In Breslau erklingt der Bogen vom vorirdischen Erinnern über das Zusammenhaltenwollen bis hin zu den Festen der Hoffnung und Erwartung aus diesem Zusammensein – es bildet sich eine Gemeinschaft, die das Leben ermöglicht. Die Zukunft wird in ihrer Offenheit, aus der Verbundenheit mit einem Impuls, der gefühlt und erhofft werden kann, erfasst.

In Koberwitz folgt dann der Aufruf, Erkenntnis in Andacht zu verwandeln. Die jungen Menschen hören von der Imagination des Michael-Schwertes, das geschmiedet und gefunden werden will: unter der Erde. So dringt hier die Geistigkeit in die Tiefen. Zu der immensen Zeitperspektive der in Zukunft zu schaffenden «Feste der Hoffnung und der

---

54 Ebd., S. 85, 86.

Erwartung» kommt hier die Geistverbundenheit mit den Tiefsten der Erde hinzu.

So ist die Spannweite gegeben, in der das Michael-Zeitalter in seiner lichtvollen Zukünftigkeit beginnt, in seiner unmittelbaren Verbundenheit mit der Erde, aus einer Herzensgemeinschaft, die Mut, die Begeisterung empfindet, die selber «Flamme werden» kann.

Das so den jungen Menschen ins Herzen Gelegte finden wir in den Briefen wieder, die Rudolf Steiner den Mitgliedern der Anthroposophischen Gesellschaft im letzten Jahr seines Lebens schreibt: den sogenannten «Michaelbriefen».[55] Die Perspektive der Betrachtung wird auf die Michaelkraft gerichtet als einer Kraft, aus der eine neue Sprache gesprochen werden kann, die das Wesen des Menschen sagbar macht – dieses Wesen des Menschen, das erkannt werden möchte und das in seiner geistigen Dimension die geistige Weite im alltäglich Kleinsten sehen lernen kann. Aus der von Michael empfangenen kosmischen Intelligenz kann der Mensch neben der naturwissenschaftlichen eine Sprache entwickeln, die den Menschen in seinem kosmischen Zusammenhang begreift, woraus dann die Welt neu zu gestalten ist.

Die Gegenwart stellt uns in viele gleichzeitige Spannungsfelder. Wir befinden uns in ständiger Auseinandersetzung zwischen dem Kleinsten und dem Weitesten, zwischen Augenblick und Dauer, zwischen Erhofftem und Möglichem, zwischen mir selbst und der Welt.

In den Ansprachen erklingt eine Zukünftigkeit, die aus der tiefen Verbundenheit mit dem Anderen und der Erde

55 Siehe z.B. den Brief vom 19. Oktober 1924, in: Rudolf Steiner, Anthroposophische Leitsätze, GA 26, a.a.O., S. 92.

herrührt und die aus der unmittelbaren Gegenwärtigkeit auch heute erwachsen kann. Die jungen Menschen sind gefragt, den Mut zu entwickeln, sich in diese Spannweite zu begeben und sie handelnd zu ergreifen. Ein Wagnis, das uns alle als Zeitgenossen verbindet.

Constanza Kaliks

Nikolai Fuchs

Was ist biologisch-dynamische Landwirtschaft?

Was ist die Idee dieser fast 90-jährigen Landwirtschaftsmethode, die heute mit vielen Nachhaltigkeitspreisen ausgezeichnet wird? Biologisch-dynamische Landwirtschaft ist mehr als «Bio», ist mehr als das Weglassen von künstlichem Dünger und chemischem Pflanzenschutz. Darüber hinaus bedingt diese Anbaumethode auch noch eine andere Sozialform der Betriebe, damit immer mehr Vielfalt entstehen kann. Biologisch-dynamische Landwirtschaft ist ein Impuls gegen die Degeneration. Aber worin liegt ihr Geheimnis, wie gelingt es, die Kräfte zur Revitalisierung zu aktivieren?

56 S., Kt., 978-3-7235-1499-3

Nikolai Fuchs

Wie weiter mit der biologisch-dynamischen Forschung?

Biologisch-dynamische Landwirtschaft ist «besonders», insofern ihrem Konzept das System «Mensch» bzw. das Individualitätsprinzip zugrunde liegt. Sie bleibt immer im Lebendigen. – Wie kann man aber das Lebendige erforschen? Müssen wir uns zukünftig möglicherweise mehr an der sozialwissenschaftlichen oder der medizinischen Forschung als an der naturwissenschaftlichen Forschung orientieren? Wie und wo soll biologisch-dynamische Forschung geleistet werden – im Labor oder im Betrieb, vom Agrarforscher und/oder dem Landwirt? Die vorliegende Schrift will dazu Denkanstöße vermitteln.

112 S., Kt., 978-3-7235-1400-9

Linda Thomas

Frühjahrsputz

Putzen als kulturelle Tradition und andere schöne Dinge

Frühling und Großreinemachen! Das gilt nach einem langen, kalten Winter auch für uns selbst. Auf einmal sehen wir alles, was in der dunklen Jahreszeit nicht so sichtbar war: die Staubschichten, die Spinnweben … Die Fenster werden weit geöffnet, Staubwedel und Putzlappen hervorgeholt, Möbel werden weggezogen, Teppiche herausgetragen und geklopft, Bettzeug wird gewaschen, die Matratzen gelüftet. Alle, die schon einmal einen richtigen Frühjahrsputz gemacht haben, kennen dieses Gefühl einer großen Befreiung, das über uns kommt, und die große Freude, durch blitzblanke Fensterscheiben zu schauen! Das Haus wirkt plötzlich heller und größer. In diesem Buch finden Sie Anregendes zu Reinigungstraditionen aus aller Welt und viele praktische Tipps und Tricks sowie kleine Weisheiten rund ums Putzen.

160 S., Kt., 978-3-7235-1520-4

Verlag am Goetheanum